美国核管理委员会反应堆监督程序研究

生态环境部核与辐射安全中心 编著

中国原子能出版社

图书在版编目（CIP）数据

美国核管理委员会反应堆监督程序研究/生态环境部核与辐射安全中心编著．—北京：中国原子能出版社，2019.12

ISBN 978-7-5221-0333-4

Ⅰ. ①美…　Ⅱ. ①生…　Ⅲ. ①反应堆—核安全保障规章—研究—美国　Ⅳ. ①TL364

中国版本图书馆 CIP 数据核字（2019）第 299329 号

美国核管理委员会反应堆监督程序研究

出　　版	中国原子能出版社（北京市海淀区阜成路 43 号　100048）
责任编辑	付　凯
装帧设计	崔　彤
责任校对	冯莲凤
责任印制	潘玉玲
印　　刷	北京九州迅驰传媒文化有限公司
经　　销	全国新华书店
开　　本	787 mm×1092 mm　1/16
印　　张	9.5
字　　数	238 千字
版　　次	2019 年 12 月第 1 版　2019 年 12 月第 1 次印刷
书　　号	ISBN 978-7-5221-0333-4　　**定　　价　38.00 元**

网址：http：//www.aep.com.cn　　**E-mail：atomep123@126.com**

发行电话：010-68452845

《美国核管理委员会反应堆监督程序研究》

编　委　会

主　　编：王　闯　李　娟　任莉华

编著人员：王　闯　初永越　张博平

张　适　王宝祥　钱晓明

吴彩霞　吴晓燕　李晓洋

前　言

众所周知，美国核管理委员会（NRC）监管的发展经历了三个阶段，从注重监督和执法，到注重对许可证持有者的绩效评估，发展到自20世纪90年代起逐步建立的风险指引型核安全监管体系，全面实施ROP（reactor oversight process）监管。NRC鼓励核电厂许可证持有者在安全管理中引入PSA技术，提高核安全决策的科学性和有效性，为核电厂的运行和维修提供更大的灵活性。各项业绩指标表明，自20世纪90年代起，美国核电厂集体辐射剂量和重大事件年发生次数大幅降低，发电成本逐年下降，机组能力因子显著提高，非计划停堆次数减少，换料大修工期时间显著缩短，美国核电厂的安全业绩和经济效益取得了非常显著的提升。至20世纪90年代末，美国核电厂就实现了能力因子从落后于全球平均到超越的过程，并且自2000年以后都保持了稳定的优秀业绩。由此可见，先进的核安全监管为美国核电厂的运行业绩和安全管理水平带来了翻天覆地的变化。

近年来，我国核电事业安全健康发展，运行核电机组数量不断增加，截至2018年9月底，我国大陆运行核电机组44台，在建机组12台。随着越来越多核电机组装料运行，在我国核安全监管资源并未显著增加的情况下，如何提高核安全监管效率，吸收先进监管理念，构建科学监管模式，推动核安全监管体系和监管能力的现代化，成为当前我国核安全监管工作的核心和重点。

在长期的核安全监管实践中，我国不断吸收借鉴国际先进经验，更新监管理念，创新监管模式和方法，深入认识和把握核安全问题，用科学的方法和理念指导核安全监管工作。积极开展经验反馈和安全持续改进，使得我国核电始终保持良好的运行记录和安全业绩。

本书全面地介绍了美国NRC反应堆监督程序（ROP）的体系框架、核电厂性能指标的评价方法、重要度确定、核电厂绩效评估、ROP监管流程、NRC监管实践，以及NRC监督执法内容等，旨在帮助读者全面认识风险指引型核安全监管的内涵。书中通过介绍 NRC 的先进监管体系，结合我国核电厂安全监管的现状和近年来构建先进核安全监管体系所开展的探索和实践，希望能够为我国核安全监管事业提供一定的借鉴和参考。

本书既可作为了解风险指引型核安全监管的科普读物，也可作为核电行业相关从业人员深入理解反应堆监督程序（ROP）的重要技术参考文献，是核电行业相关专业人员不可多得的技术资料。

全书分为 17 章，第 1 章介绍了编写本书的背景和意义；第 2 章对书中涉及的部分专业术语进行定义和说明；第 3 章介绍了 NRC 监管体系框架；第 4 章阐述了美国核安全监管的发展过程；第 5 章介绍了 ROP 的监管框架；第 6 章介绍了 ROP 监管的安全基石；第 7 章介绍了反应堆监管程序中的交叉领域的问题；第 8 章阐述了 ROP 监管的流程；第 9 章介绍了性能指标的风险指引等级；第 10 章介绍了核电厂性能指标的测量和检查；第 11 章对核电厂监督检查进行了介绍；第 12 章论述了核电厂的性能评价方法；第 13 章阐述了重要度的确定；第 14 章介绍了核电厂绩效评估；第 15 章介绍 NRC 的执法；第 16 章介绍 NRC 监管实践；第 17 章对国内建立和实施先进核安全监管提出了建议和展望。

本书由王闯、李娟、任莉华主持编写，第 1、2 章由吴晓燕编写，第 3、4 章由李晓洋编写，第 5、6 章由吴彩霞编写，第 7、8 章由钱晓明编写，第 9、10 章由王宝祥编写，第 11、12 章由张博平编写，第 13、14 章由王闯编写，第 15、16 章由张适编写，第 17 章由初永越编写。

鉴于编者的水平与时间有限，本书中难免还存在不少纰漏和值得深入探讨之处，敬请广大读者不吝批评指正。

编者

2019 年 11 月于北京

目　录

1

概　　述

1.1 背　　景

数据统计显示，截至 2019 年 9 月底，中国核电机组总数量位居世界第三，在建机组数量居世界之首，已进入世界核电大国行列。在核电发展进程中，中国政府高度重视核安全，始终坚持从国情出发，借鉴国际良好实践，实施独立的核安全监管。面对核电安全监管任务日益繁重，公众对核电运行安全高度关注等新形势，如何有效提高监管能力，吸收先进监管理念，构建科学监管模式，推动核安全监管体系和监管能力现代化，成为我国核安全监管部门亟待解决的关键问题。

美国核管理委员会（Nuclear Regulatory Commission，NRC）自成立以来，经过多年的发展和实践，逐步建立和完善了先进的监管体系，立法、许可、监督、经验反馈等主要监管工作之间紧密联系并相互支撑。随着概率风险评价（PRA）技术的发展，NRC 逐步发展风险指引和基于性能的监管框架，对法规体系进行了一系列修订，同时在技术规格书、在役检查、设备分级、维修规则等多个领域发展并应用了风险指引型综合决策技术，建立起较传统的基于确定论安全分析方法的监管模式，更为科学高效的风险指引核安全监管体系。先进的核安全监管模式有效提高了美国核电厂的安全水平和运行业绩。

核电装机容量持续增加，对核安全监管能力提出了更高要求。核电发达国家的先进监管技术，特别是近年来已广泛应用的基于性能、风险指引型的核安全监管，对我国核安全监管体系的发展具有重要的借鉴意义。

本书全面地介绍了美国 NRC 反应堆监督程序（ROP）的体系框架、监管流程，以及监督执法等，旨在帮助读者全面认识风险指引型核安全监管的内涵，也可以为我国核安全监管体系的完善提供借鉴参考。

1.2 NRC 监管体系

在美国，商运核电是个庞大的、成熟的行业，综合来看，有以下 3 个特点：(1) 机组数量多、容量大。全美国共有 104 台机组（其中沸水堆为 35 台，压水堆为 69 台）在运营，机组数量、机组容量占全球各国核能发电之首；(2) 机组服役时间长。据统计，全美国三分之二的核电厂运行已超过 25 年，其他的也有 15 年或者更长的商运记录；(3) 设计、技术多样化。虽只有压水堆（PWR）和沸水堆（BWR）两种技术路线，却有 4 个反应堆系统供应商，超过 80 种的不同设计。机组数量多、机组运行时间长、设备相对老旧、设计多元化的情况，给 NRC 的核电厂安全监管带来了很大难度。

为有效、高效地实施监管，在过去的 10 多年里，NRC 在许多方面（如：在维修法规 10 CFR 50.65 “Maintenance Rule”；反应堆监管程序 ROP “Regulatory Oversight Process”；运行技术规格书的改进；运行期间定期试验与监测；整体泄漏率试验；ILRT 等方面）使用了风险指引（Risk-Informed；RI）的理念。实践证明，这种方法彻底改变以往的运转决策模式，同时在安全和营运上也带来了巨大的效益。在安全方面，有形的效益是降低了机组的风险，如：堆芯损毁频率（Core Damage Frequency，CDF）和早期大规模放射性释放频率（Large Early Release Frequency，LERF），无形的效益则是由风险指引的信息，使业主清楚知道影响机组安全的重大项目。更重要的是风险指引提供监管者和业主一个双赢的方法，监管者使用风险指引将其管制资源集中在真正影响机组安全的事项上面，而业主则可依据风险指引方法，有机会增加其机组的运转弹性，进而降低其营运成本。分析电厂及行业的安全和绩效指标数据发现，从 2000 年至 2006 年，其 CDF 降低了约 40%（图 1-1）；1999 年之后，重大的安全事件数量大幅下降（图 1-2），能力因子持续提高（图 1-3）。其他关键安全、生产指标均迈入世界先进水平。

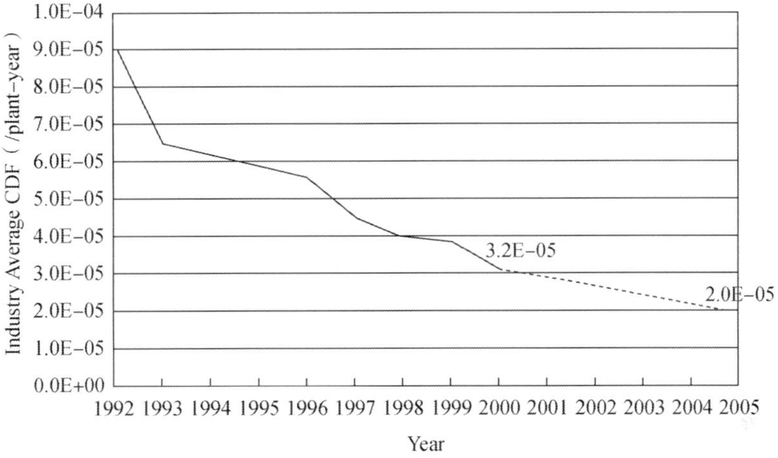

图 1-1　1992—2005 年美国核能机组整体平均 CDF

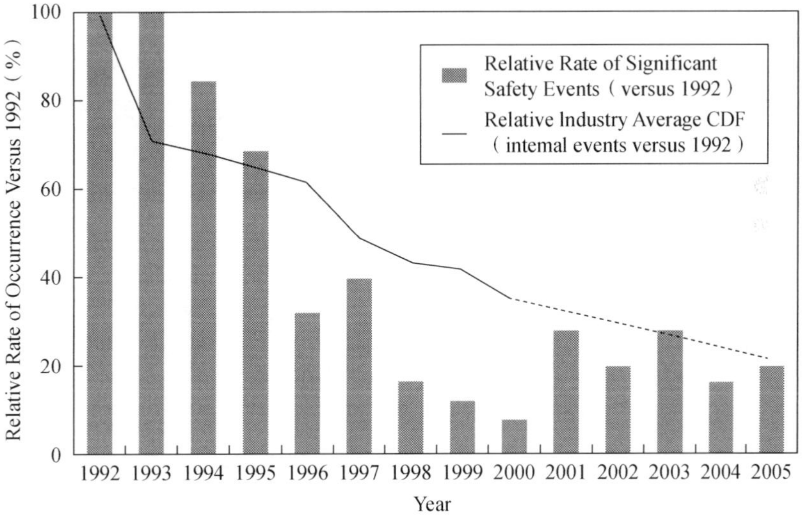

图 1-2　1992—2005 年美国核能机组重大安全事件件数

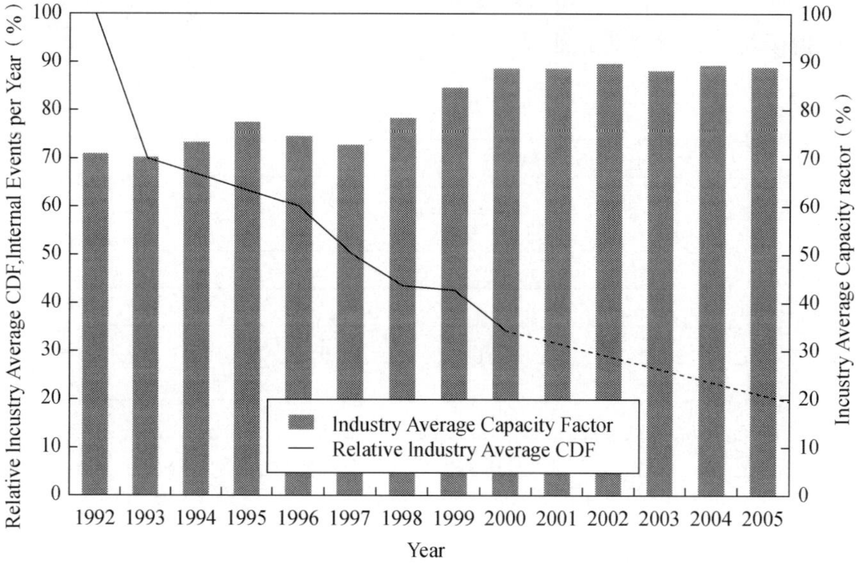

图 1-3　1992—2005 年美国核能机组容量因子

NRC 的反应堆监管程序（ROP）就是一套基于风险指引技术的科学、完整的管理程序。经过 10 多年的运作，ROP 模式已逐步从美国推广加拿大、中国台湾地区，其核心的风险指引（risk-informed）理念也得到了 IAEA 的认可。

2

基本概念和术语

为便于读者理解本书中的相关内容，本章按照美国核管理委员会（NRC）监管模式将涉及基本概念和术语总结如下。

ADAMS： NRC 文档存取与管理系统。

许可： 指授权申请者使用或运输核材料，或运行核设施（包括许可证的颁发、续期、修订、转让和相关专题报告审批）。

检查： 验证营运单位活动符合 NRC 法规要求，确保安全运行。

性能评价（针对运行核设施）： 是结合检查发现项和客观的性能指标，综合评价核设施性能，从而确定适当的监管行动。

强制执行： 对违反 NRC 法规要求的营运单位进行处罚和制裁。主要包括（1）不遵守监管要求的行为的分析识别；（2）不遵守监管要求的行为的评价。

基准检查程序（Baseline Inspection Program）： 在所有核电厂里都会执行的标准检查程序。该程序主要致力于检查性能指标没有充分测量的电厂活动、电厂的纠错程序，以及验证性能指标的准确性。

安全基石（Cornerstone of Safety）： 维持设备安全运行所必不可少的核电厂活动。这些基石按反应堆安全、辐射安全和电厂保卫进行分组。

纠正行动程序（Corrective Action Program）： 这是核电厂发现和解决问题的系统。它包括安全重要度评价程序，设置纠错行动的先后顺序，跟踪直至问题得到纠正。

交叉领域（Cross-cutting Area）： 影响大部分或所有安全基石的核电厂活动，包括问题识别和解决程序，人员绩效（能力）和具有安全意识的工作环境。

检查报告（Inspection Reports）：定期地发布该报告，以记录检查发现项。它可能记录特定时间内的基准检查，或特定的事件及反应性检查中发现的问题。所有的检查文件都是公开的，发布时，会张贴在 NRC 的网站上。

性能指标（Performance Indicator）：表示核电厂内特定安全基石的性能的客观数据。

反应性检查（Reactive Inspection）：对发生在核电厂内的运行问题或事件的周边概况进行的检查。

反应堆监管程序（Reactor Oversight Process）：NRC 用于检查、评估和评定商运核电厂的安全性能的程序。

监管会议（Regulatory Conference）：由 NRC 的人员和电厂人员参加，用于讨论潜在的安全问题，或对降级的性能指标或检查发现项表示的变化的性能进行讨论。这些会议一般都对公众公开，除非涉及电厂安全问题、NRC 的检查发现项或类似的敏感话题。

驻厂检查员（Resident Inspector）：NRC 派往核电厂工作的全职检查员。每个电厂至少有两个驻厂检查员。

风险指引型（Risk-informed）：在 NRC 的监管行动中加入了安全重要度或相关风险评价。

有安全意识的工作环境（Safety Conscious Work Environment）：电厂人员能够随意地向他们的管理层或 NRC 提出他们所关注的安全问题，所提出的问题也能够得到及时的审查，并根据问题的潜在安全重要度给予适当的顺序，解决完后及时地反馈给电厂人员。

重要度确定程序（Significance Determination Process）：NRC 员工利用该程序评价检查发现项，以确定他们的安全重要度。这要求评定该检查发现项会增加多少核电厂运行风险。

事件评价：指对事故和其他报告事件进行日常审查和长期趋势分析，以确定适当的监管响应。

通用问题：指识别并解决影响多个被许可设施的安全问题。

研究活动：指开展试验、技术研究和分析以帮助 NRC 做出决策，评估潜在技术问题的安全重要性，同时通过评估新设计和技术的潜在安全问题以为将来的 NRC 监管做准备。

咨询活动： 指独立咨询团体对监管提案审查和评价。

裁定： 指在法律框架下听取受许可或执行行动影响团体的关注。

3

NRC 监管体系框架

NRC 作为美国联邦政府的独立核与辐射安全监管机构，监管领域主要包括核反应堆、核材料、放射性废物、核安保等。如图 3-1 所示，NRC 监管体系由五类监管活动组成：(1) 法规和指南：为申请者和许可证持有者制定法规和编写指南；(2) 许可、退役和认证：向申请者使用核材料、运行或退役核设施等活动颁发许可或认证；(3) 监督：对核设施和许可证持有者的运营进行监督，以保证许可证持有者遵守安全要求；(4) 运行经验：评估被许可设施或活动的运行经验；(5) 决策支持：为支持监管决策而开展的研究、听证会、外部独立审查等活动。

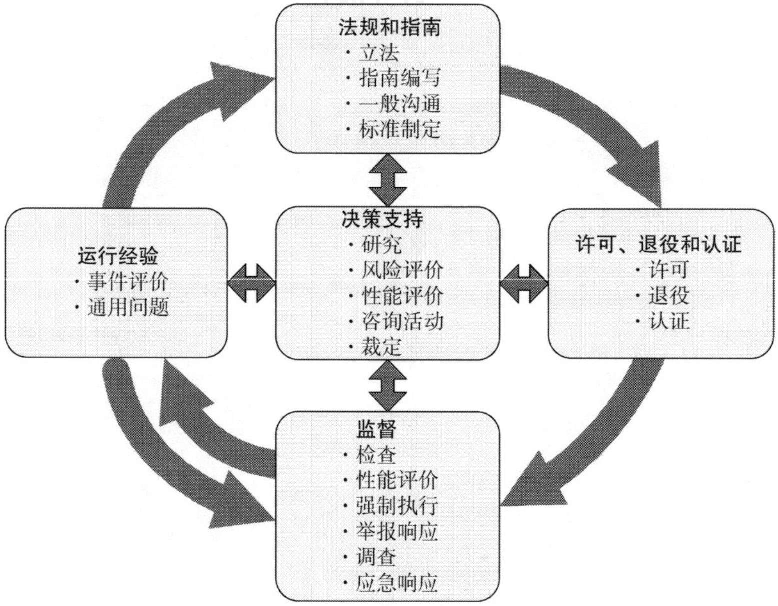

图 3-1　NRC 监管体系框架图

NRC 组织结构如图 3-2 所示。NRC 由五位委员组成的委员会领导。总统指定一名委员担任委员会主席和官方发言人。委员会集体制定核安全监管政策和法规，向许可证持有者发布命令，并裁定相关法律事务。委员会下设国会事务办公室等委员会职能部门。执行运营总监是 NRC 的首席运营和行政官员，根据委员会授权和指令履行许可、监督等监管职能，负责管理行政管理办公室等行政职能部门、核反应堆监管办公室等监管项目办公室以及四个地方监督办公室。

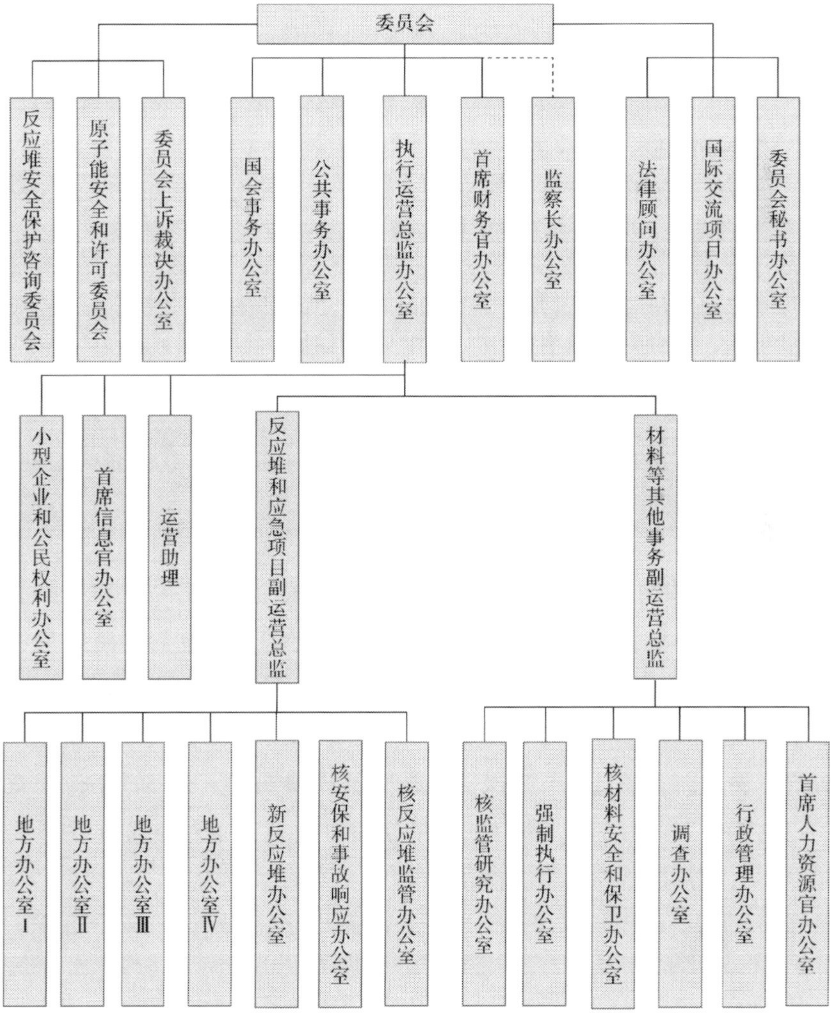

图 3-2 NRC 组织结构图

NRC在核反应堆领域的监管对象包括研究堆和实验堆、运行核电厂、新建核电厂、操纵员许可等，商用核电厂是NRC的监管重点。NRC主要通过法规要求、许可、安全监督、运行经验评价对核电厂进行监管，并开展相关决策支持活动。

3.1 法规和指南

NRC在法规指南领域的监管活动主要包括立法（Rulemaking）、指南编写（Guidance Development）、一般沟通（Generic Communications）和标准制定（Standards Development）。其中，立法是指制定和修订许可证持有者获取或持有许可证、授权使用核材料或运行核设施时必须遵守的法规；指南编写是指编写和修订相关指南文件，包括监管导则、标准审查大纲和检查大纲等，以帮助许可证持有者满足安全要求；一般沟通是指向申请者和许可证持有者发送事件信息，或索取监管所需信息，部分需要对方回复；标准制定是指与行业标准组织共同制定核工业界使用的系统、设备或材料相关的一致性标准，使得NRC制定法规或指南时能够引用。

3.1.1 立法

NRC法规强制要求许可证持有者满足相关安全要求，以获得或持有使用核材料或运行核设施的许可证或认证。法规规定了电厂、研究堆、铀矿、核燃料设施和放射性废物处置场等核设施中的核材料使用，医疗、工业和学术领域的核材料使用，以及核材料的运输。NRC通过制定新法规或修订现有法规即立法过程，来保护公众的健康和安全。另外，任何公众成员均可向NRC请愿制定、修订或废除法规。委员会通过批准立法计划来指定工作人员开始新的立法活动。

3.1.2 指南编写

NRC为申请者、许可证持有者和NRC工作人员编写了多种类型的指南文件，主要包括监管导则（RG）和标准审查大纲（SRP）等。

为确保 NRC 审评的一致性和许可证申请材料的技术充分性，NRC 针对反应堆、核材料、退役、放射性废物等领域的许可制定了相应的 SRP，并以 NUREG 文件形式出版。SRP 中描述了 NRC 审评人员责任、审评内容、适用法规、验收准则、审评过程和实施要求等内容。

NRC 监管导则分为 10 部分，为许可证持有者、申请者和利益相关方的提供了如下方面的指南：(1) 遵守 NRC 特定法规要求；(2) NRC 工作人员评价特定问题或假想事故所用技术；(3) NRC 工作人员审查许可证申请时所需数据；(4) 提交 NRC 审查文件的标准格式和内容。编写过程中，NRC 工作人员、利益相关方、公众和咨询委员会将对导则进行详尽的审查。

3.1.3 标准制定

1999 年 NRC 工作人员向委员会建议使用 NRC 资源有效参与行业一致性标准的制定和应用（SECY-99-029），随后制定了内部管理指令 MD6.5《NRC 参与一致性标准制定和应用》，对 NRC 参与行业标准制定相关活动的组织协调、人员责任和工作程序做了详细规定，并要求对相关工作人员进行定期培训。指令中声明了 NRC 关于行业标准的政策：(1) 使所有感兴趣的利益相关方参与 NRC 监管流程；(2) 参与一致性标准制定以支持 NRC 使命；(3) 根据《国家技术转让和发展法案》的规定应用一致性标准。

核监管研究办公室工程部门主任作为 NRC 标准工作主管及标准指导委员会主席。标准指导委员会由监管和研究等办公室的部门主任组成，根据 NRC 监管需求定期确认需要制定或修订的标准，并进行优先级排序。标准工作主管负责将标准修订建议清单递交给相关技术领域的标准组织(SDO)。NRC 根据员工技术专长、能力和职责，委派授权代表参加 SDO 相关标准委员会。授权代表参加委员会的会议和活动，汇报与 NRC 政策一致的技术和监管观点，并调和 SDO 和 NRC 观点的差异，同时将标准制定进展及时向 NRC 汇报，确保最终发布的标准解决了 NRC 关注问题，并能够反映 NRC 的立场和观点。

NRC 组织了由部门领导、高级顾问等组成的标准技术论坛，确定 NRC 对于标准的立场，并对标准指导委员会和授权代表等提出技术建议。

目前300余名NRC工作人员参与了约17个标准组织的150多个标准制定委员会。NRC在制定或修订法规、RG、NUREG、安全评价报告、IMC、检查程序等文件时，需考虑认可、使用或引用适用的最新版行业一致性标准。

3.1.4 核反应堆监管法规和指南

(1) NRC法规指南文件体系

NRC建立了一套包含法规、监管导则、标准审查大纲等在内的多层次法规指南体系，并参与行业一致性标准的制定。

NRC通过一般沟通文件与核工业届交流技术或政策观点以及通告运行经验。

表3-1 NRC法规和重要指南性及一般沟通类文件

分类	文件类型	用途
法规	联邦法规（10 CFR）	规定对所有NRC许可证申请者和持有者有约束力的要求
指南文件	监管导则（RG）	为许可证申请者和持有者遵守NRC法规或NRC工作人员开展监管活动提供技术指南
	临时工作人员指南（ISG）	阐述或处理SRP中未讨论的问题
	标准审查大纲（SRP）	为NRC工作人员审查许可证申请者提交的安全分析报告等材料提供指导（以NUREG文件发布）
	监督检查大纲（IMC）	NRC工作人员监督检查中使用
	审查标准（RS）	为NRC工作人员审查特定安全问题提供指导（可由NRC监管项目办公室发布）
	办公室指令	为NRC监管项目办公室工作人员的监管活动提供流程、文件标准格式等方面的指南
一般沟通文件	信息公告（IN）	与核工业界交流近期的运行、分析经验或研究成果
	监管问题摘要（RIS）	交流澄清尚未被核工业界广泛理解的NRC技术或政策观点
	一般信件（GL）	要求许可证持有者开展行动或提供信息以解决紧急或日常安全问题

（2）法规

NRC 制定的法规主要是美国联邦法规（CFR）第 10 卷“能源”第Ⅰ章，共分为 199 部分。其中核反应堆的许可和监督主要依据以下部分：

- 10 CFR 26：符合责任程序；
- 10 CFR 50：产品和使用设施的国内许可；
- 10 CFR 51：国内许可和相关监管功能的环境保护条例；
- 10 CFR 52：核电厂许可、认证和审批；
- 10 CFR 54：核电厂运行许可证续期的要求；
- 10 CFR 100：反应堆选址准则。

（3）监管导则

核反应堆领域适用的导则主要包含在第 1 部分“动力反应堆”，第 2 部分“研究和实验堆”和第 4 部分“环境和选址”。其中，与新建商业核电厂设计、选址、建造和运行最为相关的导则包括 RG 1.206《核电厂联合许可证申请监管导则》和第 4 部分“环境和选址”等。

（4）临时工作人员指南

NRC 关于新建反应堆联合许可证（COL）、设计认证（DC）和早期厂址许可（ESP）申请的 20 余份临时工作人员指南，为申请者和其他利益相关方提供了有价值的见解。在核电厂许可证续期等其他领域，NRC 也制定了相关的临时工作人员指南。

（5）标准审查大纲

SRP 为 NRC 工作人员审查反应堆许可证申请者提交的安全分析报告等申请材料提供指导，如：

- 动力反应堆财务资质和退役基金保证标准审查大纲（NUREG-1577）；
- 核电厂许可证终止计划标准审查大纲（NUREG-1700）；
- 核电厂安全分析报告标准审查大纲（NUREG-0800）；
- 核电厂环境评价标准审查大纲（NUREG-1555）。

（6）其他指南文件

其他对许可证申请者及持有者、NRC 工作人员和其他利益相关方起指导作用的指南文件主要包括审查标准、检查大纲、办公室指令等，如：

• 早期厂址许可、设计认证和联合许可证申请的接受审查过程（办公室指令 NRO-GEG-100）；

• 早期厂址申请处理（审查标准 RS-002）；

• 轻水堆检查项目—运行阶段（检查大纲第 2515 节）。

3.2 许可、退役和认证

NRC 在该领域的监管活动包括许可（Licensing）、退役（Decommissioning）和认证（Certification）。其中，许可是指授权申请者使用或运输核材料或运行核设施（包括许可证的颁发、续期、修订、转让和相关专题报告审批）；退役是指批准安全拆除核设施，同时降低残留放射性至允许许可证终止的水平；认证是指授权申请者制造乏燃料储存桶、核材料运输包装、密封源和装置，或授权申请者运行气体扩散厂。

3.2.1 许可

通过许可程序，NRC 授权申请者实施下述活动：建造、运行和退役反应堆和燃料循环设施；持有、使用、处理、进出口、运输核材料和废物；选址、设计、建造、运行和关闭废物处置场。

为得到上述活动的许可证（或修订、延期、转让现有许可证），实体或个人需向 NRC 提交申请。NRC 工作人员依据标准审查大纲审查提交文件，确保申请者假设条件的技术正确性，同时所申请的活动不会危害环境。

NRC 提倡以专题报告审查的形式提高许可过程效率并降低许可证持有者负担。根据该制度，NRC 工作人员针对某个安全相关主题的专题报告进行审查，单次批准的安全主题能被多个核电厂使用，从而把工业界和 NRC 工作人员对同一主题重复审查耗费的时间和资源降到最低。

3.2.2 退役

NRC 对复杂材料厂址、核电厂、研究堆和实验堆、核燃料循环设施等核设施的去污和退役进行监管，最终目标是核设施所在地能不受限或在限制条件下复用，并能终止许可证。

NRC 针对退役开展的监管工作包括：制定相关法规和指南；研究获取评估厂址退役过程中放射性物质释放带来的公众照射所需的数据、技术和模型；审查和批准退役大纲和许可证终止大纲；审查和批准退役设施的许可证修订请求；检查正在退役的设施；编制环境评价报告和环境影响报告书以支持 NRC 对退役活动的审评；审查和批准最终厂址状态调查报告；开展确认调查。

3.2.3 认证

针对乏燃料储存桶和核材料运输包装的申请，NRC 证书而非许可证形式进行授权。一般执照持有者使用的乏燃料储存桶合格证书（CoC）包含了储存桶设计的技术要求和操作条件，如燃料规格、泄漏试验、监督等，并明确规定了持有者被授权储存的物项。同样，在装运核材料前申请者必须通过试验或计算机分析来验证包装能够承受一系列事故工况，并得到 NRC 颁发的放射性材料包装 CoC。

CoC 申请书应包含相关标准审查大纲（如 NUREG—1536“干式储存系统标准审查大纲”）规定的内容，如储存桶或包装的安全特征和操作指南。

3.2.4 新建核电厂执照申请许可

1975 年以前，NRC 的前身是原子能委员会，美国联邦法规 10 CFR 50 所规定的核电厂许可证管理程序自 20 世纪 50 年代开始使用，原子能委员会已经颁发了 126 个运行许可证。这 126 个堆型的许可证申请均采用 10 CFR 50颁布的“两步法”申请过程。尽管 10 CFR 50 这一程序提供了几乎所有的审查，但在允许核电厂运行之前，有时仍然会有很长时间的拖延和非常昂贵的设计修改。三哩岛事故之后，引入了许多新的安全要求。多数情况是，在大量的建造费用已经发生之后，又出现了审管方面的拖延和一些新的要求，使得核电厂的总费用显著增加。这些经验使核工业和财政界在考虑投资建造新的核电厂时，会担心因不可预见的审管行动而增加其财政风险。

1989年，为了进一步降低新建核电厂的投资风险和技术风险，美国颁布了新的联邦法规10 CFR 52即“一步法”核电厂许可证管理程序。这一个新的许可证申请程序保证了对安全性进行仔细、彻底的审查，同时使得由于NRC审管带来的财政风险降到最低。这个新的框架之所以能够降低审管风险，主要是因为在审查过程中，一些决策尽可能提前做，从而在核电厂建造费用发生之前，给管理方面提供了更大的确定性。

修订后的程序包括：早期厂址许可（Early Site Permit，ESP），标准设计批准（Standard Design Approval，SDA），设计许可证（Design Certification，DC），建造和运行联合许可证（Combined License，COL）。

早期厂址许可允许营运单位在没有确定相应的堆型设计之前，申请未来可建核电厂的厂址，储存起来备用。为了适应核电的快速发展，给电厂一个宽松的开工时间，允许电厂在得到早期厂址许可后提前为电厂开工建设做一部分准备工作。之后，2007年，考虑到电厂的利益，美国联邦法规做了一次比较大的修改，修改后营运单位拿到早期厂址许可后可做的工作（Limited Work Authorization，LWA）范围增加不少，修改后的联邦法规与现行中国核电厂早期厂址审查后可进行的三通一平、基坑负挖等规定类似。不同的是，在早期厂址许可的LWA整个施工过程中，NRC已派有现场监督员监督控制LWA的整个施工过程。

标准设计批准（SDA）只是审评人员意义上的批准，并没有到听证的级别，而且不会写入联邦法规，也不会发许可证，这个申请相当于预审评的过程，这种意义的审评较多适用于研究堆。

设计许可证（DC）的管理又可以分为两个阶段，即核电厂的设计控制文件（Design Control Document，DCD）通过NRC的安全审评取得“最终设计批准”，然后通过公众听证（不涉及安全和技术审查），即可将“设计许可证（DC）”纳入联邦法规的规定中。最初提交的DCD可以分为第一层文件（Tier1）和第二层文件（Tier2）两部分内容，Tier1是经过NRC批准和认证的，一般不允许做相应的更改，Tier2仅经过NRC的批准，若在审评进展过程中有修改的，可以修改Tier2，另外新增的相关设计控制文件，可在 Tier2* 中补充。NRC 首先进行审评，以确定此项设计是否满足了所有的审管要求。如果设计可以接受，NRC 就开始启动法规制定过程（在此期间会有公众参与的要求），制定出最终法规，如果有人提出申诉，此法规还要接受司法审查。若以上两个阶段均通过，NRC 就会向申请者颁发设计许可证，并将设计许可的内容纳入联邦法规中。这些设计许可证允许营运单位参考、应用 15 年，15 年的规定也是与设计更新速度相适应的。是否发放设计许可证与特定的场地无关，甚至不需要考虑是否应利用此设计建造核电厂。设计许可证的设计申请过程就是在利用此设计建造核电厂的实际费用发生之前，将整个审查和监管的决策过程已经进行了一遍。DC 申请通常由核电厂的设计单位提出。

制造许可证（Manufacturing License，ML）主要涉及民用核设施设备制造许可证相关的内容，建造和运行联合许可证（COL）属于核电厂的营运单位的申请。营运单位可参考已审评通过的 DC，也可自行设计，但自行设计要保证提交的内容要与已审批过的 DC 内容相当，参考已审批过的 DC 要完成 DC 阶段遗留问题。这些遗留问题包括所有 COL 行动项和 DC 阶段确定的“检验、试验、分析、接受准则（Inspections，Tests，Analyses，and Acceptance Criteria，ITAAC）”。针对标准设计的审查内容不包括特定电厂有关的设计内容，将这些内容列入 COL 行动项，要求 COL 申请者在 COL 阶段完成并通过审查认可。

营运单位取得 COL 后即可开始核电厂的建造。在建造过程中 NRC 将根据 DC 阶段确定的 ITAAC 实施跟踪监督来核实相关检验、试验和分析，这些 ITAAC 得到 NRC 的认可后，核电厂即可获得运行批准。

10 CFR 52 许可证管理程序的整个框架流程如图 3-3 所示，新的许可证申请管理程序已被一些新堆设计所采用，如，通用技术公司（GE）的先进沸水堆（ABWR）、燃烧公司（C-E）的 System80＋、西屋公司的 AP600 和 AP1000 均在 10 CFR 52 的许可证管理条件下取得了“设计许可证”，一些具体的设计就已经作为法律条文写在联邦法规中，供核电厂营运单位参考引用。

目前，美国所有运行核电厂都是在 10 CFR 50 下进行许可审批的，最新投入运行的电厂是 1996 年。按照 10 CFR 52 进行审批的机组都尚未投入

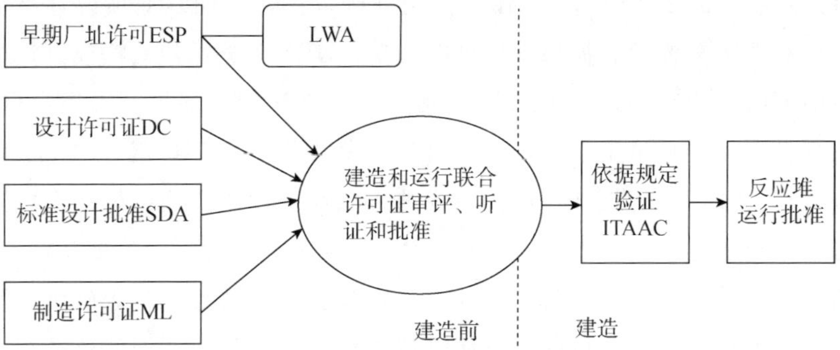

图 3-3　美国核电厂许可证管理程序流程图

运行。除了流程差异外，在所有技术领域 10 CFR 52 基本引用了10 CFR 50，也就是说针对新建反应堆的许可审批与已经运行的核电厂采用的是同一套许可基准事件，包括带有单一故障准则等假设的设计基准事故。当然，部分在 10 CFR 52 中提出的针对新堆的监管要求对于新设计堆型来说，也是需要满足的，如在设计中考虑严重事故特性。

3.2.5　运行核电厂行政许可

针对运行核电厂，NRC 主要对技术规格书、功率提升、许可证延期、许可证转让和合并等进行行政许可。

（1）技术规格书

NRC 针对美国五种运行核电厂，均已出版了标准技术规格书（STS）。STS 的改进主要依据 NRC“核电厂技术规格书改进最终政策声明”（58 FR 39132，1993 年 7 月 22 日颁发），该声明随后被改编进 10 CFR 50.36“技术规格书”。NRC 于 2001 年和 2004 年对 STS 进行了两次重要修订，改进后的 STS 提高了监管效率，并确保许可证持有者和 NRC 将主要资源投入在重要安全事项。

NRC 通过整合已被认可的通用变化（travelers），持续对第四版 STS 进行修订。核工业界资助的技术规格书工作小组（TSTF）将 travelers 提交 NRC 审查，得到批准后整合入下一版 STS。对于适用于多个电厂的 TSTF 技术规格书修订，NRC 采用统一行式改进程序（CLIIP）标准化处理审查流程，以减轻申请者的负担并提高审查效率。NRC 鼓励许可证持有者在与政策声明和整合 travelers 后的第四版 STS 保持一致的情况下，对技术规格书进行升级。

自 1995 年修订 10 CFR 50.36 并发布 PRA 政策声明以来，工业界和 NRC 针对现有技术规格书持续进行风险指引型改进。风险管理型技术规格书强化了对电厂总体风险的主动管理，旨在维持或改进电厂安全性的同时减少不必要的负担，相关改进包括调整风险指引的后撤时间和监督试验间隔等。同时，保持技术规格书和维修规则的协同也是风险管理型技术规格书的主要目标之一。近年来工业界针对风险管理型 STS 开展了修改后撤状态、修改漏做试验要求等 8 项优化，部分议案已经得到了 NRC 批准并已在电厂实施。

（2）功率提升

美国核工业界自 1970 年代开始电厂功率提升活动。NRC 对商业核电厂的最高功率水平实施监管，因此业主在提升电厂功率前，需向 NRC 申请修改许可证和技术规格书中的功率水平并获得批准。根据功率提升幅度不同，现分为测量不确定性再俘获型功率提升、扩大型功率提升和大幅功率提升，NRC 分别在申请后 9 个月、12 个月和 18 个月内完成审核。在更高的功率水平下，管道、阀门等部件需要适应工况的改变，某些情况下业主将改造或更换部件。在评估功率提升申请时，NRC 将审核许可证持有者提交的数据和事故分析结果，以确认核电厂能够以更高功率水平安全运行。

许可证持有者根据 10 CFR 50.90、50.91 和 50.92 的规定，以许可证修订申请的形式向 NRC 提交功率提升申请。接受申请后 NRC 通过《联邦公报》向公众公开，公众可在 30 天内对该申请提出意见，并可在 60 天内申请举行听证会。NRC 在安全审查并听取公众和听证会意见的基础上，最终做出是否批准该项申请的决定。

（3）许可证续期

美国原子能法和 NRC 法规将商业核电厂许可证期限设为 40 年，但是允许续期。40 年期限是根据经济和反垄断因素而非技术限制选定的。为了保证美国能源的稳定供应，NRC 在 10 CFR 51 和 10 CFR 54 中建立了许可证续期的流程和要求，以确保电厂在延期服役期间的安全。如果需要举行听证会，NRC 将在收到申请后 30 个月内完成续期审核，否则在 22 个月内完成审核。

申请者在提出续期申请之前，需要详尽分析老化效应管理问题，并能得出电厂在延期运行阶段能够安全运行的结论。根据 10 CFR 54.21，申请时应评估对电厂老化问题的处理并描述全寿期老化效应管理方法，具体包括电厂综合评价、当前许可证基础、有时限的老化分析、最终安全分析报告等信息。根据 10 CFR 54.22，申请时需提交在延期运行期间管理老化效应所必需的技术规格书修改或增订。如果核电站运行达到 20 年以上，还需评估对环境的潜在影响。NRC 通过审查、现场检查等方式核实安全和环境问题。

针对核电厂许可证续期，NRC 编写了相关的“通用老化经验（GALL）”、临时工作人员指南（LR-ISG）、监督手册（IMC）、RG、NUREG 等一系列指南文件。公众参与是许可证续期流程的重要组成部分。公众可对环境审查提出意见，并质疑延期运行期内的老化管理问题。

3.3 监　　督

监督是 NRC 实施核安全监管的重要内容之一，NRC 经过几十年的实践积累，形成了覆盖范围广、手段多样、制度完善的监督体系。

监督范围主要包括核反应堆、核材料及应用、放射性废物。核反应堆监督主要包括运行反应堆、反应堆退役和操纵员取换照的监督；核材料及应用主要包括核技术利用和核材料的监督；放射性废物监督主要包括低放废物处置、高放废物处置、乏燃料储存和运输的监督。

监督手段主要包括检查（inspection）、性能评价（performance assessment）、强制执行（enforcement）、举报响应（allegation）、调查（investigation）、应急响应（incident response）等内容。检查是验证营运单位活动符合 NRC 法规要求，确保安全运行；性能评价（运行核设施）是结合检查发现项和客观的性能指标，综合评价核设施性能，从而确定适当的监管行动；强制执行是对违反 NRC 法规要求的营运单位进行处罚和制裁；举报响应是对举报营运单位、申请者或承包商错误行为的响应；调查是调查营运单位错误行为；应急响应是维护 NRC 运行中心和地方（region）事件响应中心的能力，协调和监测事件响应、可报告事项和营运单位纠正行动等。下面主要介绍检查、性能评价、强制执行、举报响应和反应堆监督流程（ROP）。

3.3.1 检查

检查是监督的重要手段之一，NRC 通过实施检查来确保营运单位满足 NRC 监管要求。营运单位满足监管要求可认为其能够保护公众和环境免遭不必要的核风险。NRC 对取得许可的核电厂、燃料循环设施和放射性核材料相关活动和运行进行检查。检查人员依据 NRC 监督手册（IMC）进行检查。如果检查发现营运单位没有确保核设施运行安全，NRC 将通告营运单位检查发现项并确保其得到妥善处理。

NRC 四个地方监督站负责实施 NRC 检查活动。除了地方监督站一级的监督员外，还有驻场监督员。NRC 针对商用核电厂制定了全面的检查大纲。监督员验证组织结构、操纵员鉴定、设计、维修、燃料处理、缓解和辐射防护活动是适当的且符合 NRC 安全要求。NRC 每年针对核材料营运单位实施 1000 次左右检查。检查领域覆盖人员培训、辐射防护、照射剂量、实体保卫。

3.3.2 性能评价

NRC 通过监督员发现的问题，结合客观性能指标，综合评价核设施性能。主要应用于运行反应堆监督和核燃料设施监督中。

3.3.3 强制执行

强制执行依据不遵守监管要求行为的安全重要性而不同，目的主要是通过强调遵守 NRC 监管要求的重要性来阻止不遵守监管要求的行为，鼓励对不遵守监管要求的行为立即分析识别并采取纠正措施。强制执行过程主要包括：(1) 不遵守监管要求的行为的分析识别；(2) 不遵守监管要求的行为的评价。传统评价根据后果或可能后果的严重程度分为 SL Ⅰ，Ⅱ，Ⅲ和Ⅳ四级，ROP 评价则根据安全重要度分为红、黄、白、绿四种颜色指标分级；(3) 不遵守监管要求的行为的处理。根据处理方式的不同主要分为 12 类：MV (Minor Violation，不处罚立即改)、NCV (Non-cited Violation，不要求书面响应)、NOV (Notice of Violation，书面响应)、CP (Civil Penalty，罚款)、Orders (命令，吊销许可、停工等)、DFI (Demand for Information，用于确定是否采取命令或其他处罚)、AA (Administrative Actions，处罚过程中的通知、信函等)、RCEA (Reopening Closed Enforcement Actions，根据最新信息重启处罚流程)、EGM (Enforcement Guidance Memoranda，处罚的临时指南)、CNCEA (Commission Notification and Consultation on Enforcement Actions，咨询)、III (Inaccurate and Incomplete Information，对营运单位提交错误信息和不完整信息进行处罚)、RDN (Reporting of Defects and Noncompliance，缺陷和不符合报告的有关处罚)。图 3-4 简要展示了 NRC 针对不遵守监管要求行为的分级处理方法。

3.3.4 举报响应

NRC 举报响应主要处理社会公众对 NRC 监管要求的关注以及组织和个人（营运单位、承包商、员工）的错误行为。NRC 举报响应不评价有关 NRC 工作人员的问题（此类问题由纪委监察部门管理）。图 3-5 简要描述了处理流程。

3.3.5 反应堆监督程序

反应堆监督程序 (ROP) 是 NRC 检查、监测、评价运行核电厂安全和安保性能以及对任何性能下降情况作出响应的一种监督流程。ROP 框架是风险指引型的分层监督体系。NRC 在多年的核电厂运行经验基础上，于 2000 年在所有商运核电厂实施了 ROP。开发 ROP 的目的是为检查和评估电厂性能提供更具风险指引功能、更客观、更有可预见性、更易理解的工具。

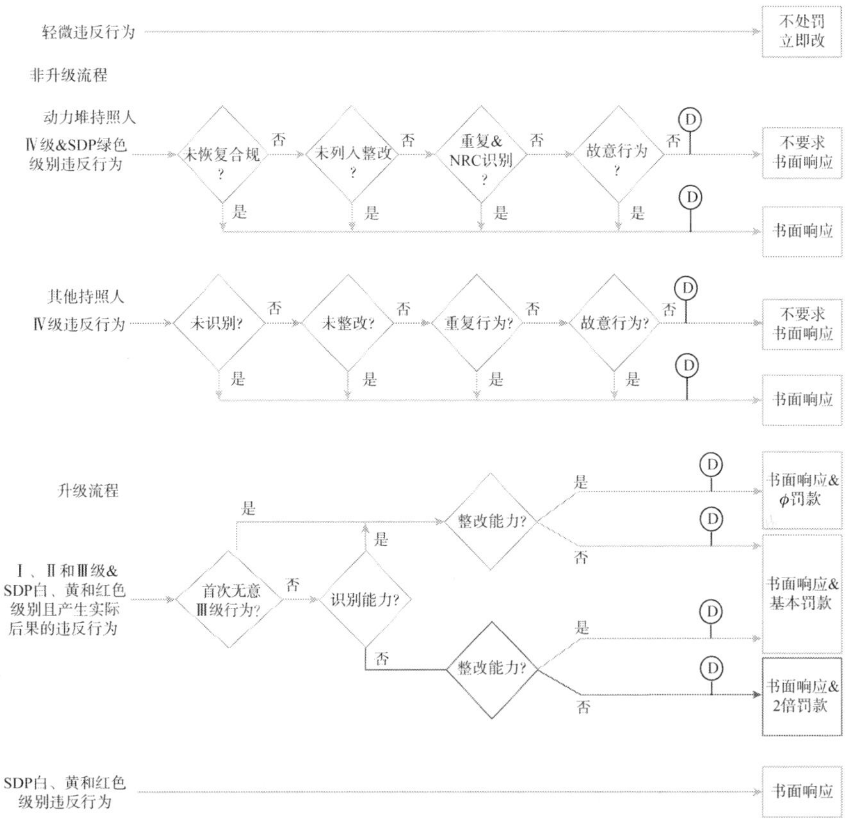

图 3-4 NRC 针对不遵守监管要求行为的分级处理流程

ROP 框架主要包含三大领域（反应堆安全、辐射安全和实体保卫）、七大要素（始发事件、缓解系统、屏障完整性、应急准备、公众照射、职业照射和实体保卫）、三个交叉领域（人员绩效、问题识别与处理、有安全意识的工作环境）。ROP 框架（见图 3-6）提供了收集性能信息、评价安全重要度以及提供适当响应措施的方法。更多的关于 ROP 介绍请见后续章节。

3.3.6 新建反应堆监督

与 ROP 重点关注运行核电厂性能的监测和评价不同，新建反应堆监督主要关注反应堆的建造过程，即颁发许可证和首次运行之间的活动。

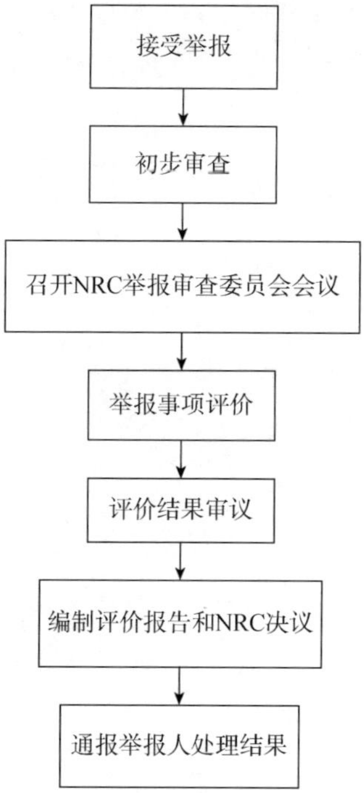

图 3-5　NRC 举报响应处理流程

NRC 依据 IMC2506“建造反应堆监督流程（cROP)”，在三大关键领域（即建造反应堆安全、待运状态和保障计划）监督核电厂建造，对检查结果进行评价后根据行动矩阵确定其对许可证持有者的监管措施，确保在建设施符合 COL 许可证条件，并采用了合适的检验、试验和分析来确定是否满足接受准则（ITAAC)。同时，NRC 工作人员对质量保证、技术规格书、辐射防护、操纵员许可等方面进行审查，并开展“飞机影响评价”检查来验证申请者根据 10 CFR 50.150 进行了飞机撞击相关评价。

综上所述，NRC 目前已经形成了综合运用检查、性能评价、强制执行、举报响应、调查和应急准备多种监督手段，覆盖核反应堆、核材料及应用、放射性废物等诸多领域，风险为指引、性能为基础的监督制度体系。

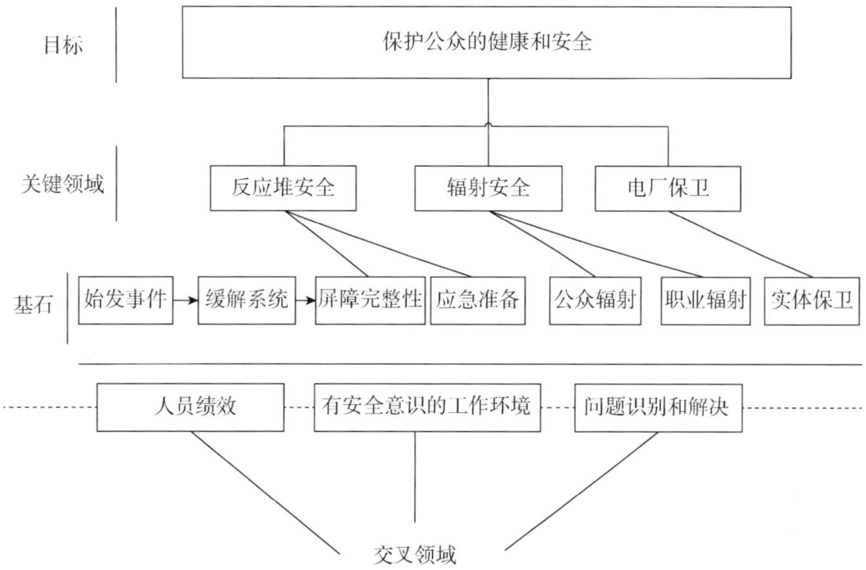

图 3-6 反应堆监督流程（ROP）框架

3.4 运行经验

NRC 在运行经验领域的监管活动主要包括事件评价（Events Assessment）和通用问题（Generic Issues）。其中，事件评价是指对事故和其他报告事件进行日常审查和长期趋势分析，以确定适当的监管响应；通用问题是指识别并解决影响多个被许可设施的安全问题。

NRC 运行经验程序的基本步骤是收集、评估、交流和应用运行经验信息。利用许可证持有者的事件报告和根据《国际核辐射事件分级表》提交的国际运行事件，NRC 工作人员系统地筛选具有安全重要性的核电站相关运行经验，并决定是否采取进一步行动以及应用相关经验教训。

NRC 十分重视运行经验的有效应用，除了向核工业界发布一般沟通信息外，还基于运行经验提议法规制定、推荐进一步研究作为一般安全问题（GSI）或者修订检查程序（IP），从而向立法、研发、监督等监管活动反馈有用信息。

3.4.1 事件评价

许可证持有者必须向NRC发送核设施运行期间或使用核材料过程中发生的可报告事件。NRC总部技术专家团队利用特定电厂风险见解和运行经验对报告事件进行审查，以确定电厂设计、运行或设备的显著弱点。确定问题领域后，NRC地方监督站进行适当水平的检查以使问题得到满意的解决。某些情况下，NRC将就报告事件与工业界和其他潜在利益相关方进行沟通，并在网站上向公众公开。对于涉及设计或建造中重要缺陷、基本安全相关设备的重要降级、放射性物质的适度释放或暴露的报告，将由核监管研究办公室（RES）纳入年度异常工况报告。

目前事件报告种类包括：

（1）事件通报：向NRC及时报告设施状态或事件，通常遵循10 CFR 50.72；

（2）初步通告：NRC对所监管设施相关事件的即时信息播报；

（3）许可证持有者事件报告（LERs）：依据10 CFR 50.73在电厂发生异常60日之内向NRC提交的详细报告。报告包含许可证持有者开展的根本原因分析和纠正措施。某些非重要电厂异常仅需通过LERs进行报告；

（4）核材料事件：放射性材料的事件记录；

（5）Part 21报告：供应商或许可证持有者按Part 21要求，向NRC报告基础部件缺陷或有实质安全危害的监管不符合项。

3.4.2 通用问题

根据安全评估、运行事件和工作成员、外部组织或公众的建议，NRC通过通用问题程序（GIP）确定可能影响其管辖范围内多个实体的通用问题（GI），同时存档并跟踪GI的处理。GIP包含三步：筛选、评价和监管办公室执行。

筛查阶段NRC对问题进行评估，以确定是否满足以下七个筛查准则：（1）影响公众健康和安全、安保或环境的事件；（2）适用于两座或多座核设施的事件；（3）未通过其他监管流程或行业自愿措施解决的事件；

(4) 可以通过新的或修订的法规、政策或指南解决的事件；(5) 可以充分确定或估计风险或安全重要性的事件；(6) 明确定义和解释的事件；(7) 可能涉及许可证持有者审查、分析或行动的事件。

如果所述问题符合所有筛查准则，可进入到评估阶段。在此阶段，工作人员评估所述问题对许可证持有者的潜在影响。在执行阶段，NRC 相关办公室采取必要监管行动来解决问题，以确保受影响的设施足够安全。NRC 将向国会和公众跟踪报告 GI 状态。

3.4.3 核电厂运行经验

(1) 反应堆安全重点关注领域

作为运行经验监测的一部分，NRC 将定期遇到的特定反应堆系统或管理问题认定为重点关注领域。目前正在审查或改进升级的关注领域包括：

- 访问权限项目；
- 围板—辐板螺栓；
- 地下管道活动；
- Seabrook 核电厂混凝土降级；
- Davis-Besse 反应堆压力容器头部降级；
- 消防程序；
- 地下水氚污染；
- 人因；
- 福岛经验教训；
- 弯头滩 2003—2006：多重/重复降级的地基；
- 电气系统缺相状态；
- 运行核电厂维修有效性；
- 压水堆地坑性能；
- 放射性流出物和环境报告；
- 压水堆压力边界完整性问题；
- 反应堆压力容器完整性；
- San Onofre 核电厂蒸汽发生器传热管降级 (SONGS)。

(2) 反应堆运行经验结果和数据库

NRC 反应堆运行经验数据库包含了多项核监管研究办公室（RES）研究项目的更新结果。大量部件和系统可靠性数据以及工业界性能趋势性研究结果将隔年更新和报告，丧失厂外电和始发事件则每年更新。数据库中标准电厂分析风险模型（SPAR）使用的参数包括：始发事件频率，部件不可靠度，部件不可用度，共因失效 α 因子，丧失场外电源不可恢复概率等。

(3) 事故序列先兆程序

NRC 于 1979 年启动事故序列先兆程序（ASP），通过计算运行事件导致堆芯损坏的概率，系统地评价美国核电厂运行经验，发现、记录、排序最有可能导致反应堆堆芯不充分冷却及堆芯严重损坏的事故先兆。

NRC 根据许可证持有者事件报告及检查报告审查核电厂运行事件。运行事件可分为两类：①初始事件发生，例如：反应堆停机或者丧失厂外电等，伴随或不伴随任何后续设备的不可用或劣化；②在未发生初始事件情况下，以设备不可用或劣化为特征的核电站劣化状态。针对第一类事件计算条件堆芯损坏概率 CCDP，第二类计算堆芯损害概率增量 ΔCDP。

(4) 行业趋势程序

NRC 工作人员自 2001 年开始实施行业趋势程序（ITP）。区别于 ROP 使用核电厂级别性能指标和检查来评估核电厂安全性能，ITP 使用行业级指标评估总体行业性能并识别性能不良趋势，以确认美国核电厂根据行业水平安全运行。NRC 在评估行业趋势的安全重要性后，对发现的安全问题进行响应，包括调整检查和许可程序。

2008 年，NRC 工作人员应用初始事件基线风险指数（BRIIE）作为 ITP 组成部分。BRIIE 跟踪可能为核电厂安全系统带来挑战的事件。每种事件发生次数如果超出预定发生次数，则可推断行业安全性能可能退化，使得 NRC 能在任何长期不良性能趋势出现之前进行干预。

尽管 ITP 验证了广泛的行业性能趋势，但 NRC 还没有因此采取过任何监管行动，因此于 2016 年终止了该项目。行业性能负面趋势可通过其他手段确定，如例行许可证持有者性能评估、ROP 自我评估和运行经验程序等。

3.5 决策支持

NRC 在监管决策支持方面的活动主要包括研究活动（Research Activities）、风险评价（Risk Assessment）、性能评价（Performance Assessment）、咨询活动（Advisory Activities）和裁定（Adjudication）。其中，研究活动是指开展试验、技术研究和分析以帮助 NRC 做出决策，评估潜在技术问题的安全重要性，同时通过评估新设计和技术的潜在安全问题以为将来的 NRC 监管做准备；风险评价是指使用风险分析方法和性能见解支持整个监管过程中的决策；性能评价（针对废物处置和退役）是指评估潜在的环境放射性释放，并评价引起的放射性剂量，以论证处置设施是否满足其性能目标；咨询活动是指独立咨询团体对监管提案审查和评价；裁定是指在法律框架下听取受许可或执行行动影响团体的关注。

3.5.1 监管技术研究

NRC 核监管研究办公室（RES）在核反应堆、核材料和放射性废物等领域开展监管技术研究项目，主要目标是在存在不确定性、安全裕量未良好表征、以及需针对现有或新技术进行监管决策验证的领域，增进 NRC 工作人员的专业知识。研究项目成果通过 NUREG 文件发布，并可用于监管导则的制定。

NRC 在反应堆安全领域开展相关研究，以便：(1) 发现、评估和解决安全问题；(2) 保证 NRC 对许可证持有者申请的审查具有独立技术基础；(3) 评价运行经验和风险评估结果的应用；(4) 支持风险指引监管方法的开发和应用。目前 NRC 针对反应堆安全领域开展了如下研究活动：核燃料行为和高燃耗燃料，电厂老化，数字仪控系统，热工水力和严重事故分析程序，概率安全分析，运行数据评价等。

为充分利用外部科研设施和资源、减少重复性研究投入并提高研发效率，NRC 积极与大学、能源部（DOE）及下属国家实验室、美国电力研究院（EPRI）、经合组织核能署（OECD/NEA）、IAEA 等国内外组织机构开展合作，交流和共享专家知识、运行经验和研究成果。具体合作方式包括：与 EPRI、DOE 等签订谅解备忘录并开展合作研究；委托具备技术优势的机构协助开展研究，与国家实验室等保持长期合作，为 NRC 持续提供试验和软件研发等服务；参与并资助国际核安全合作研究项目；与合作机构共建研发平台，如 NRC-宾州州立大学燃料棒束传热试验台架。

3.5.2 核电厂风险指引型活动

NRC 传统的确定论法规要求基于经验、试验结果和专家判断制定，主要考量工程裕量和纵深防御原则，尚未定量评估风险因素。1975 年以来，NRC 在概率风险评价（PRA）方面积累了大量的知识和经验，并逐步发展风险指引和基于性能的监管框架，在此过程中保留当前无法被立即取代的基于确定论和规定要求的法规，同时制定和实施风险指引和基于性能的法规。

1995 年颁布的“PRA 政策声明”（60 FR 42622）指出，NRC 将根据 PRA 方法和数据的最新发展水平，在所有监管事项中加强 PRA 技术的应用，以作为确定论方法的补充和传统纵深防御理念的支持。NRC 分别于 1994 年、2000 年和 2007 年开展了 PRA 实施计划、风险指引型监管实施计划（RIRIP）和风险指引和基于性能监管计划（RPP），为制定风险指引和基于性能的监管体系提供了指导。目前 NRC 仍在新建和运行电厂风险指引型监管领域方面开展多项活动。

（1）运行核电厂风险指引型活动

针对运行核电厂，NRC 在适用法规、许可过程、监督程序修订、监管指南和风险分析工具、方法和数据等领域开展风险指引型活动，包含对法规中技术要求的修正，风险指引型技术规格书，检查、评价和执行行动的新框架，其他风险指引型应用指南（如在役检查），以及改进的标准电厂分析风险模型等内容。

当前正在开展的项目主要包括：

• 10 CFR 50.69“对反应堆构筑物、系统和部件（SSCs）风险指引型的分级和管理”的实施；

• 应急堆芯冷却系统（ECCS）要求：丧失冷却剂事故（LOCA）的

重新定义；

- 应急堆芯冷却系统（ECCS）要求：丧失冷却剂事故和丧失场外电；
- 标准技术规格书（STS）的风险指引型改进；
- 国家防火协会（NFPA）805 号标准；
- 事故序列先兆程序（ASP）；
- SAPHIRE 软件开发维护；
- 电厂标准 PRA 模型（SPAR）；
- 在核电厂概率风险评价中包含数字系统的方法、工具和指南；
- 风险指引型在役检查（ISI）；
- 福岛经验教训的实施；
- 风险告知 NRC 关于低风险问题的行动；
- 概率论水灾评价（PFHA）；
- 运行事件风险评价；
- 全厂址范围 3 级 PRA；
- 人因可靠性分析（HRA）数据收集；
- 人因可靠性分析（HRA）方法和实践；
- 人因可靠性分析（HRA）的发展；
- 蒸汽发生器传热管破裂概率和结果评价；
- 评估碎片堆积对压水堆地坑性能的影响（通用安全问题 GSI-191）；
- 风险优先级措施。

（2）新建核电厂风险指引型活动

针对新建电厂开展风险指引和基于性能的活动来处理 10 CFR 52 中的 PRA 部分要求，以增加 NRC 工作人员对新建轻水堆设计认证、许可和监督活动的效力和效率，具体目标包含两部分：

第一，使用特定电厂 PRA 来实施风险指引和基于性能的项目。如，维修规则（10 CFR 50.65）中很大程度地应用了 PRA。其他例子包括：新建反应堆许可证持有者可能自愿执行的措施，如风险指引型技术规格书后撤时间，风险指引型在役检查，或者 10 CFR 50.69 下的特殊处理。

第二，使用风险见解和 PRA 结果改进 NRC 在许可和监督过程中的效力和效率。如，NRC 工作人员利用风险见解并结合其他方面考虑，将新建反应堆许可证申请的审查集中于风险重要的方面。其他例子包括，为申请活动制定风险指引型验收准则，采用风险指引型方法选取 ITAAC 以确认竣工电厂的可接受性。

PRA 结果和见解主要用于支持非安全系统监管处理（RTNSS）项目，检验、试验、分析和验收准则项目（ITAAC），可靠性保证项目（RAP）、技术规格书、维修规则（10 CFR 50.65）等。

NRC 目前在新建电厂许可方面开展的风险指引型活动包括：

- 标准审查大纲 19 章严重事故（NUREG-0800）的修订；
- 评估和编写风险指引型新建反应堆监管指南。

（3）跨领域风险指引型支持活动

目前 NRC 正在开展的涉及多个领域的风险指引型活动主要包括：

- RG1.174《概率风险评价用于特定电厂许可证基础变更的风险指引决策方法》的更新；
- RG1.200《确定概率风险评价结果对风险指引活动技术充分性的方法》的更新；
- NUREG 1855《风险指引型决策中 PRA 不确定性处理指南》的更新。

3.6 信息公开

公开性是 NRC 在 1977 年确立的五大“良好监管原则”之一。NRC 强调开放政府原则，保证监管流程、决策和许可证持有者监督等都尽可能公开透明地执行，并确保公众有机会参与 NRC 监管流程。NRC 尽可能向普通公众、国会、其他联邦机构、州政府机构和地方政府机构、印第安部落、技术协会、国际团体和公民群体等利益相关方公开非敏感的监管信息，力求更清晰、准确、可靠、客观、及时地与利益相关者进行沟通交流。

NRC 保持了公共档案室、政府机构间书面文件传送和《联邦公报》公告发布等传统信息公开途径，同时通过博客等社交网络与公众沟通重要监管信息。除此之外，NRC 主要通过官方网站与利益相关者及公众共享信息。网站提供有关委员会决策、听证会文字记录、检查报告、强制执行等监管响应、事件报告、被监管核设施和核材料、许可情况、核电站性能指标等信息。网站还提供大量信息，增加公众对 NRC 使命、目标和业绩的了解。

NRC 网站上分类整理并公开了多种类型的正式文档，具体包括：(1) NRC法规和立法文档；(2) 监管导则、检查大纲、临时工作人员指南等指南文件；(3) 动力堆状态报告、事件通告、事件报告等事件信息；(4) 信息公告、监管信息摘要等一般沟通文档；(5) NUREG 文档，包括标准审查大纲、NRC 运营和监管信息、监管决策、研究报告等；(6) 反映 NRC 研究项目进展和成果的研究信息信件；(7) 与国会沟通相关文档；(8) 委员会文档，如提交委员会审查的 SECY 文件和相应的决策性文件 SRM 和投票记录 CVR 等；(9) 强制执行文档；(10) 管理指令、监察报告、内部咨询报告等 NRC 内部文档。

NRC 在收到许可证申请、作出重大许可决定、采取强制执行行动以及宣布主要公共会议、听证会机会和其他公众参与途径时，会在网站发布所有新闻稿。用户可以通过网站注册自动接收一般沟通文件、新法规制定文档、发言稿、NRC 监察长报告、NRC 与许可证持有者往来通信等各类文件。NRC 开发并维护了机构文档访问和管理系统（ADAMS)，将所有公开文档存入可通过网站访问的可搜索数据库中。

4

美国核安全监管的发展

4.1 风险指引型监管发展

美国核管理委员会（NRC）对美国民用核材料进行管理的依据由原子能法以及其他适用法律共同构成。在原子能法实施之后的几十年里，针对放射性材料的应用在 NRC 各个监管领域不断增加，包括放射性材料在工业、医疗和科研上的广泛使用，核反应堆用于电力生产，放射性材料运输和储存，放射性废物处置等。NRC 及相关许可证持有者共同面临的挑战是如何在利用这些放射性材料的同时，确保这些活动不会对公众的健康和安全产生不必要的风险。尽管 NRC 已经建立了覆盖整个机构的法规和政策，帮助确保放射性材料的民用不会造成不必要的风险。但越来越广泛的放射性材料利用项目，不断增加的监管压力以及技术进步和运行经验的积累，促使 NRC 将提高监管效率、效益和有效性作为其不断追求的目标。

1957 年美国原子能委员会（美国核管会的前身）发布 WASH-740 “Theoretical Possibilities and Consequences of Major Accidents in Large Nuclear Power Plants” 也成为 “布鲁克海文报告”，评估无安全壳的大型核电厂堆芯熔化事故的最大可能损害。在此项研究中率先引入了反应堆风险分析的概念。

1975 年，随着可靠性工程科学的研究发展，NRC 对两个反应堆完成了其第一个概率风险评价，发表了 WASH-1400《反应堆安全研究：美国核动力厂事故风险评价》报告，引入了一个新的可操作方法来衡量核安全和 NRC 法规的有效性。

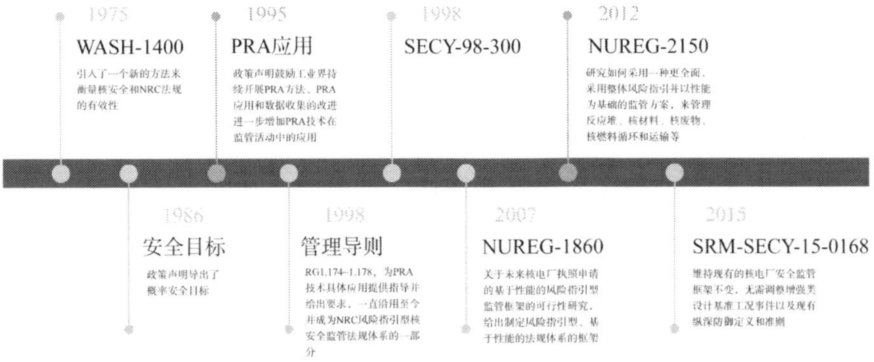

图 4-1 NRC 风险指引型监管法规体系建立

为了促进概率安全分析技术的应用，1985 年至 2003 年间美国核管理委员会陆续发表了多份政策声明：1985 年发布的《关于新核电厂设计和在役核电厂反应堆严重事故的政策声明》、1986 年发布的《核电厂运行的安全目标的政策声明》、1995 年发布的《概率风险评价在核安全监管活动中的应用》以及 2003 年发布的《NRC 关于管理决策与 PRA 质量的政策》，以上政策声明形成了 NRC 现行处理 PRA 及相关监管安全目标和目的的依据。期间，1987 年至 1990 年间美国核管理委员会陆续发表了 NUREG-1150《严重事故风险：5 座美国核电厂的评价》以及配套报告。这些报告总结了自概率安全分析技术发展以来数十年的研究成果，对以后的概率安全分析工作起到了重要的指导作用，同时，也为美国核管理委员会执行安全监管时如何应用这些分析技术提供了有益的见解。NRC 认识到可以利用概率安全分析识别核电厂的弱点。为此，1988 年 11 月 23 日 NRC 发表 Generic Letter 88-20，要求电厂业主完成每个运行反应堆的单个电厂审查（Individual Plant Examination，IPE），以系统地检查可以识别特定电厂对于严重事故的薄弱环节，并对其进行低成本的改进。几乎所有电厂（除一个外）的 IPE 分析都利用了 PSA 的方法。作为 IPE 计划第一阶段的结论，1991 年 NRC 要求电厂业主将 IPE 计划扩展到外部事件（Individual Plant Examination of External Events，IPEEE），即对地震、飓风和外部水灾进行分析。IPE 和 IPEEE 的实施促进了概率安全评价技术的发展和进步，为 PSA 技术的应用奠定了基础。

此外，美国核管理委员会于1998年还先后发布了管理导则RG 1.174～1.178，尽管这些管理导则在后期的使用过程中经过了多次的修订升版（2018年1月NRC发布最新一版RG 1.174即第三版），但其对总体概率风险准则、概率安全分析技术在定期试验、质保分级、技术规格书以及管道在役检查中的应用等提供了具体的指导和要求一直沿用至今，并成为NRC风险指引型核安全监管法规体系的一部分。

NRC在《运行核电厂安全目标的政策声明》（Safety Goals for the Operations of Nuclear Power Plants; Policy Statement）中确定了两个定性目标（Qualitative Safety Goals）和两个定量安全目标（Quantitative Objectives）。两个定性的安全目标：（1）公众应当得到一定水平的防护，使核电厂的运行不会对公众的生命和健康产生明显的附加风险。（2）核电厂运行对公众生命和健康产生的社会风险，不应超过其他发电技术可能产生的相应风险，并且不会对社会产生明显的附加风险。两个定量的安全目标：（1）反应堆事故对核电厂附近个人产生的急性死亡风险，不应超过美国居民由于其他事故而普遍受到的急性死亡风险的0.1%；（2）核电厂运行对核电厂周围居民产生的癌症死亡风险，不应超过由于所有其他原因产生的癌症风险的0.1%。

2001年，NRC在草拟的《运行核电厂安全目标的政策声明——修订和再版》中提出核电厂安全目标的两个辅助目标（Subsidiary Objectives）：（1）堆芯损坏频率（CDF）小于10^{-4}/堆·年；（2）大量早期放射性释放频率（LERF）小于10^{-5}/堆·年。

三个层次的安全目标相辅相成。其中定性安全目标概述了核电厂安全所要达到的安全水平，是相对固定不变的；两个千分之一定量安全目标是定性安全目标的支撑，是相对动态的，会随着技术、价值观和代价利益等改变；辅助目标是为了方便定量安全目标的实施制定的分解目标，其在核电厂风险指引管理活动中广泛应用。

美国核电厂安全目标的发展可以分成四个阶段：《运行核电厂安全目标的政策声明》的颁布（1979—1986年）；《运行核电厂安全目标政策声明—修订和再版》的草拟（1987—2002年）；相关安全目标的技术文件的发布（2003—2010年）以及福岛核事故后安全目标的讨论（2011—至今）。

尽管 NRC 于 1986 年颁布了《运行核电厂安全目标的政策声明》，但是针对安全目标的讨论却一直没有中断，针对安全目标的辅助目标的讨论，为概率风险评价技术在核电厂风险管理中应用提供了条件。NRC 在 1994 年 7 月发布的“Commission’s Policy Statement on the Regulation of Advanced Nuclear Power Plants”中指出应改进先进型核动力反应堆的执照申请环境以尽可能减少管理过程中的复杂性和不确定性。

NRC 随后（1995 年）发布了关于风险评价方法如何用于 NRC 所有监管领域以补充现有法规的政策声明《概率风险评价在核安全监管活动中的应用》。其目的是通过应用 PSA 技术来改进核安全监管，即加强安全决策的有效性、更有效地利用监管资源和减轻核电厂不必要的负担。

概率风险评价在核安全监管活动中应用的政策声明中指出：

（1）应根据 PSA 方法和数据的技术发展水平，加强 PSA 技术在 NRC 管理事务中的应用，以补充确定论方法和支持传统的纵深防御体系；

（2）PSA 和相关的分析（如敏感性研究、不确定性分析和重要度评估）应该应用在各项管理事务中，以减少现今管理要求中不必要的保守性；

（3）支持管理决策时所采用的 PSA 分析应该尽可能反映现实的情况，支持性数据应该是可公开得到的；

（4）使用安全目标和辅助量化目标值进行管理决策时，要适当考虑不确定性。

这份政策声明肯定了 NRC 关于 PRA 方法可以用来获得有价值的见解、观点和对核电厂设计整体评价的总体结论的看法。同时 NRC 鼓励工业界持续开展 PRA 方法、PRA 应用和数据收集的改进，进一步增加 PRA 技术在监管活动中的应用。

有关 PRA 技术应用的政策以及后续 NRC 发布的一系列文件，引发了核安全监管领域多种特有的改进。1998 年 6 月，NRC 发布白皮书《基于性能的风险指引型监管》（WHITE PAPER ON RISK-INFORMED AND PERFORMANCE-BASED REGULATION）（SECY-98-114）。白皮书提出了开展基于性能的风险指引型监管草案，该草案在风险和风险评价 \ 传统和确定论分析方法 \ 风险指引型纵深防御以及基于性能的风险指引等方面进行了讨论。

1998年12月，NRC在技术文件SECY 98-300中为确定联邦法规10 CFR 50的修改方向，提出了三个选择方案，即：(1) 不做改变的选项Ⅰ，该方案将中止NRC工作人员以风险为导向对现有10 CFR 50作全面改变而进行的活动，对于已制定出的一些导则，NRC工作人员可以继续使用，对于正在进行的包含风险导向的导则的制定活动仍继续进行；(2) 对质量保证、技术规格书、环境鉴定和设备规范等可做特殊处理的选项Ⅱ，在Ⅱ选项下需要对10 CFR 50中涉及系统、部件和结构特殊处理的范围做出修改，但此选择不涉及改变电厂的设计或设计基准事故，对根据风险导向评价得出的低安全重要性的系统、部件和结构，将降低管理要求；(3) 改变某些管理要求并在10 CFR 50中加入风险决策条款的选项Ⅲ，在这种方案下，要对10 CFR 50本身进行改变，使之在要求中包括风险导向的属性，也包括将10 CFR 50附录A通用设计准则（GDC）进行特定修改或基于风险的重要程度重新确定设计基准事件。

1999年6月NRC的5位委员经过投票，一致同意SECY-98-300文件的建议，并要求采取分阶段的方法来进行该项工作，同意按选项Ⅱ开展下一步工作同时对选项Ⅲ开展研究。NRC已经按照风险管理理念开展的工作法规修订工作，包括质量保证（10 CFR 50.54及附录B）、特别豁免(50.12)、维修规则（50.65）变更、测试和实验（50.59）等未受影响仍然继续进行。在随后的几年中，在总结核电厂运行经验和实施风险指引型安全监管获得的效益基础上，NRC于2006年4月在制定基于性能的风险指引型监管框架工作草案报告（Working Draft，Framework for Development of a Risk-Informed，Performance-Based，Technology-Neutral Alternative to 10 CFR Part 50）中提出了一个宏伟的构想，制定一个新的基于绩效、风险指引和技术中立的法规体系，用以全面取代现行的执照申请法规体系，以满足新建电厂的需要。NRC制定这样一个全新法规的目的在于：为全面扩展风险指引理念的行为提供一个总体框架；在维持和加强安全性的基础上，通过采用风险指引方法扩展核电厂的设计和运行灵活性；确保所有的风险指引行为能够综合起来，互相补充；逐步满足1995年NRC的PSA政策声明的要求。

这一新框架需确保其技术中立性，吸取所有类型核电厂的信息和知识，确保这套法规可以应用于所有类型的核动力技术。框架中要全面贯彻纵深防御概念，这一方法需要结合确定论和概率论（风险指引和风险预测），其导则和标准必须是基于性能的，应能确认关键的不确定性、不确定性的影响以及如何处理这些不确定性。

2007 年 1 月，NRC 发布的 SECY-07-0101 "Staff Recommendations Regarding a Risk-informed and Performance-based Revision to 10 CFR Part 50" 中指出，NRC 提出开发联合风险指引型和基于性能的方法从而可替代 10 CFR Part50 的计划，主要目的是：(1) 通过集中 NRC 和执照申请者的资源加强公众健康和安全的重要性；(2) 为 NRC 提供一个利用集成的方式应用风险信息的框架；(3) 使用风险信息提供电厂设计和操作的灵活性，同时维持或提高安全水平；(4) 确保风险指引型活动继续满足 1995 年 PRA 发布的政策声明；(5) 考虑不同的堆型技术，以促进其稳定性和可预见性。为此，NRC 提出的方法是在 10 CFR 中新增一节（10 CFR Part 53），以作为目前执照申请法规（10 CFR Part 50）的"可选择替代"。

新法规（10 CFR 53）与旧法规（10 CFR 50）的主要差别在于，在新法规体系中，核电厂的安全是建立在综合性的确定论和概率论准则基础之上。而在现行法规体系中，作为执照申请内容的设计基准事故（DBA）的确定论安全分析与概率安全评价（PSA）没有直接的相关性。

2007 年，NRC 发布报告 NUREG-1860 "关于未来核电厂执照申请的基于性能的风险指引型监管框架的可行性研究"，描述了可行性研究的结果，给出了一个框架，该框架的目的是制定一个风险指引型、基于性能的法规体系，为编制新反应堆执照申请的要求及导则和准则提供技术基础。NUREG-1860 给出的框架中的一个关键部分是纵深防御，其给出的纵深防御具有如下特性和原则：(1) 对故意行为与非故意事件都有防范措施；(2) 设计本身具备事故预防与缓解的能力；(3) 关键安全功能的完成不依靠于设计、建造、维护或运行中的单一元素；(4) 安全分析中考虑到了 SSC 性能与人员操作中存在的不确定性；(5) 设计具备防止发生放射性物质不可接受释放的能力；(6) 核电厂的选址要便于对公众健康和安全进行防护。

2011年年初，应NRC主席Gregory B. Jaczko的要求，NRC委员George Apostolakis同意带领一个专项工作组来评估在未来10～15年中如何采用一种更全面、采用整体风险指引并以性能为基础的监管方案，来管理反应堆、核材料、核废物、核燃料循环和运输等，以继续确保核材料的安全使用。研究提出一个战略远景和实施方案，包括相关的机构应如何进行调整。该工作组被称为风险管理专项工作组（RMTF），工作组成立后不久就发生了日本福岛第一核电厂事故。工作组关注了福岛核事故和其后研究的影响，包括NRC福岛后短期专项工作组（Near-Term Task Force）的工作和关于该事故对美国核电厂的潜在影响的后续讨论。

2012年4月，RMTF发布报告NUREG-2150描述了本次评估的结果和建议，研究认为对于拟推荐的风险管理框架，无论是明确使用（如核动力反应堆监管），还是隐含使用（如核材料监管），纵深防御的概念在NRC监管的行业里都已经被很好的应用了，对今天来说也是有价值的，但它的使用还不太一致，对于怎么样的纵深防御是足够的仍缺导则指导。报告给出四条建议：（1）应继续坚持在实践可行的地方践行基于性能的风险指引型方法，并应将其融入升版后的监管框架；（2）NRC总的监管框架应按照“对风险进行管理”的方式来发展，其中的风险是指因核技术、核材料和特殊核材料的各种使用而对工作人员和公众造成的风险；（3）在定义关于保护工作人员和公众的要求时，NRC应认识到灾害和事件相关的不确定性，包括人员差错，它们会挑战或削弱屏障和控制措施。应采用考虑传统评价技术和风险评价技术相结合的方法来识别屏障和控制措施，以确定恰当的要求预防、包容和缓解放射性释放；（4）NRC应通过出台政策声明的方式，正式落实采用所推荐的风险管理监管框架。

2012年6月，NRC主席发布工作任务备忘录，要求评估为建立基于性能的风险指引型监管框架提出的各种可能选项，并提供一份能够区分各选项并包含建议意见的报告，这份报告还应包含未来打算发布的针对风险管理监管框架（RMRF）的政策声明，同时还要征求公众的意见建议。

2013年12月，针对NTTF工作组的建议1，以及RMTF工作组报告（NUREG-2150），NRC发布技术报告SECY-13-0132，给出建议希望委员会给出指导意见。该报告提出了实施风险管理的监管框架，需要NRC开展包括建立设计增强类的事件工况以及相关的监管要求，制定关于调整纵深防御层次的政策声明以及明确在 NRC 监管活动中自愿的行业行动的角色定位等三项内容的活动。同时，报告中还提出了 NRC 实施这三项改进活动的要点。

2013 年 11 月 25 日（78 FR 70354），2015 年 5 月 12 日（80 FR 27191NRC 在联邦政府立法处（Federal Register）公布了 RMRF 政策声明的草稿，并征求公众意见，通过联邦立法网站收到的关于政策声明草案的公众意见差异很大。工作组在审查了各方意见后对风险管理政策声明进行了修订。该政策声明草案的主要目标是改进所有领域（包括反应堆、放射工业、医疗用途、核废料贮存和处置、燃料循环设施以及放射性物质运输安全等）的监管框架使其更加一致。风险管理政策声明将确定 NRC 使用的风险管理方法，以其为指导改进现有的机构各项政策。

2015 年 12 月，NRC 发布技术报告 SECY-15-0168，提出了实施风险管理监管框架相关问题的实施建议，NRC 审评人员认为，对于核电厂的监管已发布的关于“安全目标”以及“PRA 技术应用”的政策声明，以及在风险指引型监管活动中获得的经验和风险指引的决策过程事实上已经初步建立了风险管理监管框架，针对核电厂相关的与风险管理相关的关键内容已经建立。审评人员建议维持现有的针对核电厂监管框架不变，并在此基础上持续进行风险指引的监管改进。

随后，委员会通过文件 SRM-SECY-15-0168 回复同意审评人员的建议，即维持现有的核电厂安全监管框架不变，有关制定顶层的，适用全部监管对象的风险管理监管框架的政策声明的活动要克制一些。此外，委员会还同意了有关不需要建立增强类设计基准工况事件以及调整现有纵深防御定义和准则的意见。基于此份备忘录意见，委员会针对风险指引型监管框架没有进一步的工作要求。

通过调研发现，这份有关风险监管框架的政策声明，经过长时间的讨论还没有正式发布，与选项Ⅲ相关的 10 CFR 53 也没有发布。NRC 认为针对风险管理的监管框架的建立一直是未来 10～15 年 NRC 的重点任务，其在建立过程中遇到了各种问题，NRC 一直在进行研究、讨论。

尽管如此，这些年来 NRC 依据风险管理理念针对 10 CFR 50 中的相关章节继续开展修订工作已经完成并据此更新了现有的联邦法规 10 CFR 50。如 50.65“核电厂维修有效性的监测”（2007 年完成最终修订）；50.59“变更，测试和实验”（2007 年完成最终修订）；50.72“运行核电厂即时通报的要求”（2007 年完成最终修订）；50.73“执照事件报告系统”（2018 年完成最终修订）。期间，1999 年还在 10 CFR 50 中创建了新的章节 50.67“事故源项”。这些工作已经完成并据此更新了现有的联邦法规 10 CFR 50。除此之外，还有一些修订工作尚在推进过程中，如应急堆芯冷却系统设计准则 10 CFR 50.46。

有关建议一体化，整体风险管理的监管框架的讨论在 2015 年告一段落，NRC 认为目前针对核电厂的监管已经是风险指引型的监管模式，维持现有的核电厂安全监管框架不变是合适的。

4.2 ROP 的发展阶段

结合 NRC 的监管发展历史以及 IMC0308 中的介绍情况，可以将美国对核电的监管大致分为 3 个阶段。

第一阶段　注重监督和执法

在 1946 年，美国颁布原子能法（Atomic Energy Act）时，原子能委员会（Atomic Energy Commission）成立。

1954 年，美国修订了原子能法，并把促进核能利用和安全监管的职责都赋予了原子能委员会。结果是核能利用发展迅猛，但安全监督的职责落实不到位。

到 1974 年，美国国会决定废除原子能委员会。支持核电和批评核电的人协商后同意促进核能利用和安全监管的职责由不同的机构来负责。根据 1974 年的能源重组法案，就成立了 NRC。

NRC 成立后，它对核电的监管集中在监督和执法上，因为法律并没有要求对电厂进行评估。

第二阶段　SALP 和 SMM

1979 年，美国发生三哩岛事故。美国总统下令组建了 Kemeny Commission，对事故进行调查。在调查报告中有一条关键的建议——每个运行许可证的持有者应定期地接受集中且公开的审查，审查其执行许可证条件和适用法规的要求情况。这条建议的结果是：在1980年，形成了对许可证持有者绩效的系统性的评估程序［Systematic Assessment of Licensee Performance（SALP）process］，并完成了评估程序的实施。

SALP是一种定期对电厂的绩效进行评估的程序。对每一个许可证持有者，NRC至少每18各月执行一次SALP。

流程是：收集和评价信息—准备SALP会议—召开SALP会议—签发初步报告—与电厂开会—最终报告，即SALP报告。

对于运行电厂，主要目的是通过评价在运行、维修、技术和工程支持、以及电厂支持（化学、应急等方面）等4个方面的长处和不足，以及他们的原因，并将结果反馈给电厂。同时，也指导NRC合理分配资源，可以将主要力量放在需要关注的电厂上。

1986年，Davis-Besse核电厂发生失去给水事件，NRC对该电厂的安全运行情况进行了评估，得到了很多经验教训。在此基础上最终形成了The Senior Management Meeting（SMM）审查程序和相关的“NRC监视清单”。

SMM为电厂高级管理人员提供一个用于评估反应堆运行安全性能的讨论会，用于识别单个机组运行安全性能的下降趋势，以便及早采取纠正措施。

第三阶段　反应堆监管程序（ROP）

1996年6月，委员会指示NRC工作人员，要求对SMM审查程序进行评价，并建立一些指标作为把许可证持有者放入名单或从名单中删除的依据。按照委员会的指示，NRC委托安达信公司进行评估。

1996年12月，SMM评估程序的有效性的研究报告完成。

1997年4月，NRC工作人员发布SECY-97-072，针对安达信公司提出的建议制定了纠正计划，并报委员会。

1997年6月24日，委员会签发SRMM970424B，批准了NRC工作人员的计划，以改进SMM程序。

在NRC努力改进SMM程序的同时，1997年8月，经委员会批准，

NRC 工作人员启动了对现有的评价程序，包括电厂绩效审查、SALP 和 SMM 的综合审查（Integrated Review of the Assessment Process, IRAP）。IRAP 团队（成员有来自不同部门和不同层次的人员组成）决定重新设计一套评估程序，确定那些能有效评价电厂总体的安全绩效所必须的目标、属性和活动，以及支持评估所必需的信息资源。

1998 年 3 月，NRC 职员向核管会推荐了新的综合性评价程序（SECY-98-045）。基本观点有：

（1）检查发现项为评价提供基本素材；

（2）检查发现项按领域分类，并根据问题安全重要度给出分值；

（3）评价由 2 部分组成：即在每个领域的总分值以及将这些分值与限值进行比较；

（4）NRC 所采取的行动以一种决策模型为基础。

1998 年 6 月，委员会针对 SECY-98-045 签发了 SRM，表达了以下观点：

（1）用执法作为评价程序实施的驱动力；

（2）建立对电厂问题进行定量评分的模型；

（3）用不用的颜色来区分电厂绩效等级。

同时，委员会也接受了公众对 IRAP 建议提出的反馈意见，要求：

（1）提出修改评价程序的建议；

（2）表明各地区监督站的一致性和电厂收到不同的监督等级是公平的；

（3）对监督大纲进行某些概念性的修改，使监督大纲与新的评价程序相符合。

与此同时，美国的核工业界，通过 NEI（美国核能研究所），提出了一套独立的、改进评价程序的方案。NEI 的方案与 NRC 的方案在基础和理论上都有不同。

1998 年 7 月 17 日，核管会与公众和工业界的各利益相关方召开了会议，来听取他们对 NRC 的监管的意见；7 月 31 日，在 Senate oversight hearing（参议院监督听证会）时，对 NRC 的监管进行了讨论。

NRC 工作人员考虑了 NEI 的方案、核管会对 IRAP 方案的建议，以及 7 月份的核管会和参议院监督听证会的建议后，决定开发一套方案以改进监管程序。主要手段是：(1) 召开了一系列的公众会议，来获取内外部利益相关者对改进新的 ROP 的意见和建议；(2) 在征求公众意见期间，与公众和核工业界的人沟通，获取他们的意见；(3) 修订程序，并在修订过程中与公众和核工业界的人保持互动；(4) NRC 工作人员形成了三个任务组，来开发修订的 ROP 推荐方案，分别是：技术框架任务组，监督任务组和评价任务组，负责修订执法程序的部门（OE）与这三个小组协作；(5) 在改进 ROP 的过程中，NRC 工作人员一直与委员会保持沟通。

1999 年 1 月 8 日，NRC 工作人员向委员会提交了修订的 ROP（SECY-99-007）。

1999 年 5 月至 11 月，修订后的 ROP 在 8 个核电厂（每个监督站 2 个）进行了为期 6 个月的试点。

Region Ⅰ	Region Ⅱ	Region Ⅲ	Region Ⅳ
Salem/Hope Creek	Shearon Harris	Prairie Island	Fort Calhoun
FitzPatrick	Sequoyah	Quad Cities	Cooper

在这 6 个月的时间内，NRC 按照美国相关法律的要求，征求国内外相关的意见，召开公众会议，独立评估等。最终在 2000 年 3 月 28 日，NRC 委员会批准了修订后的 ROP 在全美国实施。2000 年 4 月 2 日正式实施。

ROP 有一个自我评估的程序（IMC0307 “Reactor Oversight Process Self-Assessment Program”），收集 ROP 在实施过程中存在的不足，并确定需要改进的地方。

目前，NRC 仍使用 ROP 对核电进行监管。从 2000 年至今，ROP 发生的一些主要变化有：

(1) 911 事件后，安保方面的信息不再对公众开放；

(2) PIs 的变化（具体可参考 imc0308 attachment 1）；

(3) 增加核安全文化的独立评估的规定。

5

反应堆监管程序

5.1 概　　述

2000 年 4 月 2 日，NRC 在所有商运核电厂实施了新的反应堆监管程序（ROP）。新的 ROP 要求与 NRC 的四项绩效目标（1. 保持安全；2. 使 NRC 的活动和决策更有效、高效和实际；3. 增加公开度；4. 减少不必要的管理负担。关于 NRC 的绩效目标、施政策略产生的过程详见附录）相符合，期望能修订原有 ROP 模式暴露的问题，为检查和评估电厂性能提供工具。

开发新的 ROP 过程中，NRC 采用了风险指引（risk-informed）方法，使其既能符合上述目标和要求，又能使监管工作一体化、合理化。修订的方面包括：检查程序（Inspection）、评价程序（Assessment）和强制措施（Enforcement）政策等（详细内容见书中其他章节）。此外，还开发了一些新的监管程序，例如性能指标（PIs）判定程序和对发现项的重要度判定程序（SDP）。新的 ROP 可用于检查、测量和评价商运核电厂的安全性能状态，同时也对任意的降级性能做出响应。该程序向一个核电厂执照者和公众清楚地说明了，NRC 在电厂具有良好性能和降级性能时所做出的响应。主要特点有：

（1）可集中资源检查具有较高潜在风险的活动。

（2）对于有性能问题的核电厂给予更高的监管关注，而对于运行状态好的设备则维持正常水平的监管关注。

（3）对核电厂的性能进行客观的测量。

(4) 向公众和核工业提供及时、易懂的电厂性能评价。

(5) 以预测的、一致的方法对监管的违反项做出响应，该方法反映了违反项对安全的潜在影响。

通过对比发现，与原有工具相比，新模式有四点优势：有风险指引功能、更客观、更有可预见性、更易理解。接下来的部分将就 ROP 发展的过程、新的监管程序的关键控制程序的技术基础进行进一步介绍。

5.2 ROP 的历史发展

5.2.1 旧的 ROP 概述

旧的反应堆监管工作主要由三个重要的部分所组成，分别为：

(1) 电厂绩效系统性评估（Systematic Assessment of Licensing Performance，SALP）；

(2) 高级管理层会议（Senior Management Meeting，SMM）；

(3) 电厂绩效评审（Plant Performance Review，PPR）。

这三项监管工作并非在电厂开始商运时就建立，而是在不同时期随着监管经验的积累而分别建立的。SALP 是在三哩岛事故后的 1980 年建立起来的，主要是一项以现场观察为基础的程序，是配合驻厂观察员的设置而开始实施的电厂评价程序。当时 NRC 以 12 个到 24 个月为周期，分别审查各电厂在四部分（运行、维修、工程作业与电厂应急）的表现，并为每一个部分评分。SALP 实际进行的周期则依照电厂的分数而定，表现差的电厂将会受到更频繁的评估。

随着更多的电厂投入商运，另两项监管工作 SMM 和 PPR 也陆续加入电厂监管与评估的过程。1985 年，在 Davis-Besse 电厂发生主给水丧失事件的第二年，SMM 开始实施，其核心思想是：每半年针对表现差的或绩效下降的电厂升级监管水平，并提出所谓的"监察名单"。

PPR 于 1988 年开始实施，目的是更有效地调配 NRC 管制资源，每半年针对电厂的整体绩效进行评审和规划接下来的检查重点。

旧的ROP过程看似比较合理，但经过几年运转，也逐渐暴露了一些问题。最突出的就是：上述三项评估程序有一个共同的前提假设，即：电厂只要遵循NRC的法规，就算是安全的电厂。实践证明，这种假设存在很多问题。

NRC虽然定期对这些电厂评估监管程序进行修订，但长久以来，不论在NRC内部或是业界都有相当多的意见，这些意见主要认为：

(1) SALP程序过于主观，是否可以接受电厂的绩效过于依赖检查人员的判断；

(2) NRC评分的基础有时相当模糊，且特定分数代表的意义，也常令人难以理解；

(3) 评估工作大部分注重于电厂过往的表现，并未反映实时的情况，有些问题电厂已经采取了适当的纠正行动，却被反复提起，而该紧急处理的有时又可能被忽视等。

5.2.2 新的ROP程序

在分析新的ROP产生的过程前，我们先了解一下当时的背景情况。1990年，美国各州陆续实施电力行业自由化政策，并逐渐解除电力零售价格的管制，这对核电的发展产生了一定的冲击。当时在运的核电机组有111台，核电厂的发电容量因数（Capacity Factor）约为65%左右，机组的经济性均不理想；另外，机组的安全性也存在较大的问题，数据显示，平均每两台核电机组每年就会发生一次NRC认定的严重事件，每台机组在一年内就会经历一次安全系统启动。在经济性不佳的情况下，如何高效地监管安全，NRC已经感受到巨大的压力。

此外，NRC也面临着更严格、更具体、更规范的法律要求。1993年，美国通过了政府绩效与成果法（Government Performance and Results Act，GPRA），并在1997年开始全面实施。根据GPRA的规定，大部分的美国联邦政府所属机构必须提出达成其机构任务的长期性策略规划（Strategic plan），NRC也在其中。

在监管需要和法规要求的双重推进下，NRC开始研究并实施更有效的监管模式，其中就包括新的反应堆监管（ROP）程序的研究。从1996年开始，NRC 策划对 ROP 程序进行修订，使之更科学、客观、可行。回顾 ROP 发展过程，基本可分为三个阶段。

阶段一（97.06～99.01），研究并实施更符合实际的“检查”（Inspection）和“评估”（Assessment）程序，以及建立最初的 ROP 模式。

阶段二（99.01～00.04），形成框架，内部试运行 。

阶段三（00.04～01.04），新 ROP 正式运作及根据反馈意见的改进。

第一阶段：研究并实施更符合实际的检查和评估程序，以及建立最初的 ROP 模式。

1997 年 4 月，NRC 技术研究人员制定了关于评价高级管理层会议（SMM）的程序和建立新的监视清单的工作计划。同年 6 月，委员会发布了员工要求备忘录，在该备忘录中批准了工作计划的相关内容。其中的部分内容最终升版为检查（Inspection）程序的一部分。

1997 年 6 月，NRC 技术研究人员签发了工作文件，将 NRC 即将进行的完整评估（IRAP）告知委员会，评估内容包括：电厂绩效考核（PPRs）、电厂性能的系统评价（SALPs）和高级管理会议（SMMs）。1997 年 8 月委员会批准了此计划。这就是 ROP 的评价程序（Assessment）的雏形。

1998 年 3 月，工作人员发布了工作文件 SECY-98-045 “Status of the Integrated Review of the NRC Assessment Process for Operating Commercial Nuclear Reactors”，该文件传达了工作人员对一个新的完整评价程序的建议。构成 IRAP 提案基础的基本概念有：

（1）检查发现项提供了评价的基础；

（2）检查发现项将按照性能模板区域分类，并将根据安全重要度来计分；

（3）通过统计每个模板区域的分数的总和以及根据阈值来比较这些分数得出评估结果；

（4）基于行动矩阵采取监管行动。

委员会在 SECY-98-045 中对如下方面做出了说明，包括：（1）给出评价程序变更的建议；（2）对接受了多个等级检查工作的电厂进行一致的，公平的对待；（3）为了与新评价程序相一致，需要考虑检查程序的总体变更。

在此期间，美国的 NEI（核能研究所）受 NRC 委托，从另一个角度开展了研究工作，并形成了从根本上和原理上不同于 IRAP 的草案。该草案从反应堆安全、辐射安全和电厂保卫三方面设置了等级。通过设定每个指标阈值，形成一个电厂响应带、一个 NRC 响应带以及一个不可接受的性能带。

NRC 技术人员研究 NEI 的草案和委员会对 IRAP 草案的评价后，在 1998 年 7 月 17 日与公众以及行业利益相关者进行会晤，之后开始着手编写监管程序的改进建议集。1998 年 9 月 28 日至 10 月 1 日，工作人员主办了为期 4 天的公众研讨会来与行业界以及公众进行交流，获取和评估对监管程序的改进意见。在研讨会期间，研讨会参与者对监管程序形成了整体理念，并对监管程序的定义达成了统一的评价。这就是最初的 ROP 模型。

在研讨会之后，工作人员开始了几个短期活动来继续制定对监管程序的改进。所有这些活动都是协调和综合，并涉及所有地区的广泛参与，包括 NRR、OE、核能研究办公室（RES）和 AEOD。选定参与这些活动的工作人员包括各领域的专家，如：风险分析、PIs 的使用、检查和评价技术。在收集建议的过程中，所开展的这些活动还涉及与业界和公众的频繁交流。

为进一步完善 ROP 模型，NRC 相关工作人员分成了三个任务组：技术框架的任务组、检查任务组和评估任务组。技术框架任务组，负责完成监管程序的结构，并确定能用于度量性能的 PIs 和合适的阈量。检查任务组负责制定将用于补充和验证 PIs 的风险指引型基准检查大纲的范围、深度和频率。评价程序任务组负责制定用于综合 PIs 和检查数据的方法、确定基于评价结果的 NRC 行动并向电厂和公众传达结果。在三个组的努力下，1999 年年初，NRC 基本完成了各项任务。

第二阶段：形成框架，内部试运行。

1999 年 1 月 8 日，NRC 技术人员发布了指引文件 SECY-99-007 “Recommendations for Reactor Oversight Process Improvements”，该文件提出了新的商用核电厂 ROP 的概念（由设置了 7 个安全基石的监管框架构成）。该概念的基础是，满足各个基石的目标和关键属性的电厂能为公众健康和安全提供合理的保证。

在 ROP 中，电厂每个基石的性能由 PIs 和检查结果的组合来衡量。为每个基石制定 PIs 以给出电厂性能的目标指标。制定风险指引型基准检查大纲来独立验证 PIs 的准确性，并检查未能充分由 PI 覆盖的电厂性能区域。风险指引型基准检查大纲规定了所有电厂都将受到的最小范围的检查工作（不考虑其性能）。为 PIs 和检查结果两者建立风险指引型阈值，以确保在电厂有性能降级而影响又有限时，NRC 可实施适当的监管行动。评价程序通过使用 PIs 和检查结果作为输入，运用行动矩阵来确定电厂对降级性能的适当跟踪，这显得更加简洁和客观。也同样要修订执行程序，从而更好地整合并符合检查程序和评价程序。

1999 年 3 月 22 日，NRC 技术人员颁布了该指引文件的修订版 SECY-99-007A，将 ROP 概念中附加的信息转达给了委员会，并提出了在每个区域的 2 个站点实行 6 个月试运行计划。1999 年 6 月 18 日，NRC 委员会颁布了这两份文件的 SRM，批准了 ROP 的范围和概念以及对试点项目的人员计划。

从 1999 年 5 月 30 日至 11 月 27 日，NRC 在每个区域（共 6 个区域）2 个站点执行 ROP 为期 6 个月的试点项目。该试点项目是按照 NRR（核能管制部，隶属于 NRC）董事于 1999 年 5 月 20 日转发给 4 个区域管理员（RAs）的备忘录的指导方针和程序来实施的。该试点项目的目的是应用 ROP 并积累经验教训，以便在初步实施前，根据需要对不同的程序和规程进行改进和修订。试点项目的目标是：（1）使用 ROP 的各环节工作，来评估性能是否有效；（2）识别重要流程和程序问题，并在初步实施前作出适当的变更；（3）尽可能对新流程的有效性进行评估。建立试点项目标准来评估在试行电厂执行 ROP 的结果。

试运行开始后，NRC 技术研究人员利用不同方法来获取内部反馈和评论。包括：与地区管理人员召开每周电话会议、与试点项目驻厂检查员召开每 2 周一次电话会议、与地区部门董事每月举行接口会议以及和 4 个地区管理员（RAs）定期举行高管论坛会议来征求关于 ROP 的反馈和评论。在试点项目期间，NRC 技术人员为地区检查人员开发了检查程序和监管程序反馈表格，来记录关于 ROP 程序中各步骤的问题和隐患，技术人员利用这些反馈表格中的评论对监管程序做出必要的修改。最后在试行结束时对 RAs 和参与试点项目的员工展开内部相关人员检查，从而获得更多的经验教训。

与此同时，为确保新的 ROP 能被公众广泛理解，NRC 通过联邦记录通告（FRN）发布了 4 个地区关于 ROP 试点项目的试行结果，征求公众意见。FRN 设置了一个公共评论期（于 1999 年 12 月 31 日结束），包含了聚焦特定主题的问卷检查。该问卷要求对四个地区在实施 ROP 后的测量结果做出评论和反馈，同时也要求对 ROP 中的基本要素，如检查发现项的积极作用做出评论和反馈。为保证将新的监管程序通知给当地相关人员，NRC 在每个试行电厂附近都召开公开会议。第一次公开会议应在试点项目开始时召开，在试点项目结束时，应举行一系列的公开圆桌会议。拟定这些会议的目的是解释新项目，并征求公众对 ROP 的反馈。

最后，作为 NRC 的一个独立咨询委员会，该委员会依据联邦咨询委员会法案（FACA）的要求，建立了一个试点项目评估小组委员会（PPEP）。该小组委员会是一个跨学科小组，由代表许多不同电厂利益的经理和行业专家组成，除 NRC 总部和地区管理人员外，包括相关的科学家联盟，NEI，试行电厂管理会和伊利诺伊州核安全部。PPEP 的目的是对试点项目的结果进行独立评估和对有关的程序变更和试行准备进行总结。

2000 年 1 月 10 日至 13 日，工作人员对最终的反馈活动举行了一次公开的经验教训研讨。该研讨会的目的是召集内外部利益相关者共同确定能够解决关键问题的经验教训和方法。该研讨会成功地使员工就初步实施之前明确要求行动的问题，以及在初步实施中的长期决议和持续监测的问题上达到一个高水平的共识。

2000 年 2 月 24 日，工作人员颁布了委员会文件 SECY-00-0049 “RESULTS OF THE REVISED REACTOR OVERSIGHT PROCESS PILOT PROGRAM”，将 6 个月试点项目的结果和经验教训（来源于内外部利益相关者对 ROP 的评论）和 PPEP 独立评估转发给委员会，该文件也要求委员会批准在所有的核电厂实施 ROP。2000 年 3 月 28 日委员会批准了 ROP 修订版的初步实施，2000 年 4 月 1 日所有商业核电厂初步实施新的 ROP。

第三阶段：新 ROP 正式运作及根据反馈意见的改进。

尽管在所有核电厂实施了新的 ROP，但工作人员考虑到第一年 ROP 的实施是一个搜集更多见解和识别程序改善领域的时期。类似于 6 个月的试点项目，工作人员在 ROP 初步实施中从事了多项活动来搜集内外部利益相关者的反馈和评论，并对新的监管程序的经验教训进行了评估。作为这项工作的一部分，工作人员还开发了自我评估程序，在检查手册章节(IMC) 0307“反应堆监管程序自我评估项目”中有描述，利用客观测量方法和预先确定的标准来监测 ROP 性能。从总部和地区检查人员处获得内部反馈和结论，另一方面征求外部利益相关者的反馈和评论，例如公众利益团体、行业代表、州和当地政府机构。

NRC 技术人员在文件 SECY-01-0114“Results of the Initial Implementation of the New Reactor Oversight Process”中记录了 ROP 第一年实施的结果和经验教训。同时继续定期监控和评估 ROP 的有效性来识别改进的区域。

5.3 反应堆监管框架

工作人员使用一种从上至下、分层的方法开发新的符合政策管理原则的监管框架理念。这种方法从期望的结果出发，验证达到这种结果的性能目标，然后验证符合性能目标所需要的特定目标和信息。监管框架开始于最顶层，即满足 NRC 的所有目标，这些目标可保证商运核电厂在充分保证公众健康和安全的条件下运行。然后，工作人员识别对这些目标重要的且值得进行监管的电厂性能的各个方面。包含如下：

(1) 将会导致反应堆事故的事件频率保持在一个较低的水平；

(2) 民用核反应堆的零重大放射泄漏；

(3) 超过 10 CFR Part 20 限制的民用核反应堆放射性材料厂外释放次数零增加；

(4) 实体保护没有实质性的破坏，该实体保护可以减弱放射性破坏、盗窃和转移特定核原料的影响。

这些性能目标反映了电厂的性能，这些性能目标在框架结构中被描述为关键领域，分别为：反应堆安全、辐射安全和电厂保卫，形成了监管框架的第二等级。

基于风险指引型角度，工作人员识别出每个关键领域内最重要的元素，并将这些元素称为安全基石，将其置于监管框架中的第三等级。这些基石是 ROP 程序的基本组成部分，如果它们性能可以接受，就可以充分确保公众健康和安全。

这些安全基石可以用来：(1) 限制始发事件的频率；(2) 确保缓解系统的可用性和可靠性；(3) 确保燃料包壳、反应堆冷却系统、安全壳的完整性；(4) 确保充分的应急准备功能；(5) 保护公众不被放射性原料辐射；(6) 确保核电工作者不被辐射；(7) 确保实体保护系统。

监管框架建立起来后，工作人员将定义策略和规程的准则，以进一步开发 ROP 的细节部分。这些准则确立了监管程序的要素之间的联系，如强制措施和检查程序，还包括：

(1) 基于风险指引型的基准检查程序，为所有的电厂确立最小监管行动；

(2) 设置电厂安全性能的阈值，低于该阈值时，将增加 NRC 的监管行动；

(3) 要想充分地在基石的层面评价电厂的性能，就需要对 PIs 和检查发现项都进行评价；

(4) 用于评价基石的 PIs 和检查发现项都有一个基于风险指引的阈值；

(5) 在确定安全重要性和 NRC 行动的等级方面，交叉的指标阈值和检查程序阈值具有相同的意义；

(6) 基准检查程序将涵盖指标体系没有涵盖的电厂性能区域；

(7) 基准检查程序也将验证指标体系的正确性和提供事件响应；

(8) 强制性行动的实施 (Enforcement) 不再输入到评价程序 (Assessment)。但是，导致要实施强制性行动的事件将在评价程序中继续考虑；

(9) 评价程序的结果可能用来调整强制性行动 (尽管评价结果不影响确定违反事件的安全等级)；

（10）对不可接受的电厂性能的识别和响应确立准则。

值得注意的是，定义这些准则的意图是在评价电厂性能的过程中提供足够的裕量，以便在出现不可接受的性能问题前，电厂和 NRC 能采取适当的行动。

反应堆监督程序（ROP）是 NRC 基于保护公众健康和安全这一总体目标，并根据此目标，将监管框架确定为三个关键领域，即：反应堆安全、辐射安全和电厂保卫，对上述三个关键领域确定出始发事件、缓解系统、屏障完整性、应急准备、公众辐射、职业照射和实体保卫七大安全基石，基于风险指引建立绩效指标对核电厂许可证持有者进行持续监督的一整套流程。监管框架详见图 5-1。

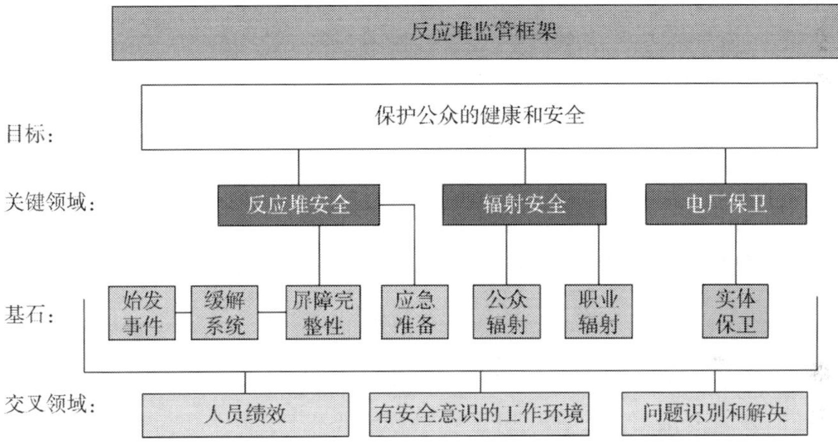

图 5-1　反应堆监督流程（ROP）框架

在 ROP 框架中，针对七大安全基石设立了不同的性能指标和检查程序，以确保实现相应的安全目标。每个安全基石的良好性能为电厂的安全运行提供可靠的保证，实现 NRC 的安全目标。监管流程见图 5-2。

NRC 根据监督大纲对各电厂的性能指标来衡量电厂的绩效，通过非例行检查（Supplemental Inspection）、事件响应（Event Response）、共性问题监督（Generic Safety Inspection）和风险指引型基准监督（Risk-Informed Baseline Inspection）和电厂的性能指标体系，检查和监督密切关注那些对核电厂安全和风险影响最大的活动。根据性能指标评价体系和重要

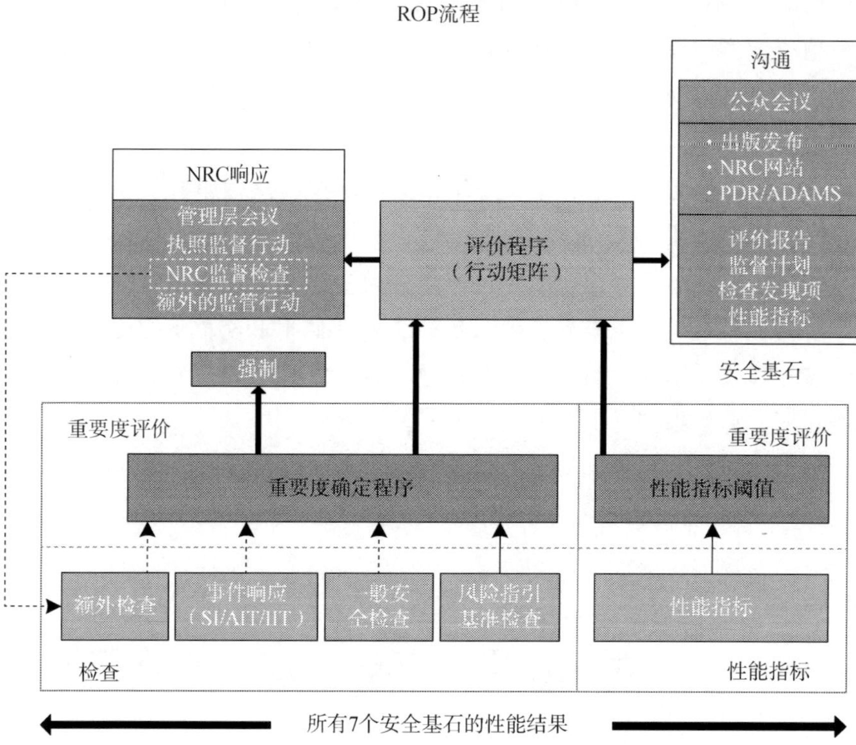

图 5-2 ROP 流程

度确定程序的要求，电厂定期（每个季度）评价上述 7 个安全基石的性能和事件的重要度确定，并将数据上报 NRC，这些性能指标都与安全影响相关的既定阈值进行比较。经 NRC 工作人员对电厂提交的性能指标数据进行汇编和审核后发布在 NRC 网站。

检查人员根据 SDP 工具确定检查结果的安全重要性，如需进一步详细评价的，则由 NRC 风险专家和业主一起开展下一阶段的 SDP 分析，即详细的风险评价。每个季度，驻厂监督员和驻地检查人员根据其性能指标和检查发现项来评估 SDP 对该地区的所有核电厂进行绩效评估，NRC 每 6 个月扩大审查范围，并纳入下一年的检查计划。每年的最后一个季度对电厂一年的绩效进行总结和详细评估，编制评价报告和下一年检查计划。

NRC 将对这些数据与监督检查所获取信息进行综合评估，以确定执照持有人的性能指标，性能指标是通过四种颜色来表示的：

（1）绿色，满足既定预期安全目标水平内的性能（SPI）；核电厂安全或对安全影响非常低的发现（SDP）。

（2）白色，超出既定预期安全目标水平，但仍满足安全基石的安全目标（SPI）；对安全影响低或中等的发现项（SDP）。

（3）黄色，安全目标虽仍满足，但是安全裕量已经降至最低（SPI）；重要安全影响或安全重要性的发现项（SDP）。

（4）红色，性能指标的安全裕量显著降低（SPI）；高度安全或安全意义的发现项（SDP）。

NRC 根据电厂绩效的季度评估报告来决定采取与之相适应的监管行动，现行 ROP 的季度审查与电厂性能指标结合更为紧密，随着电厂的性能下降，NRC 共制定了五级监管响应程序，详见图 5-3。

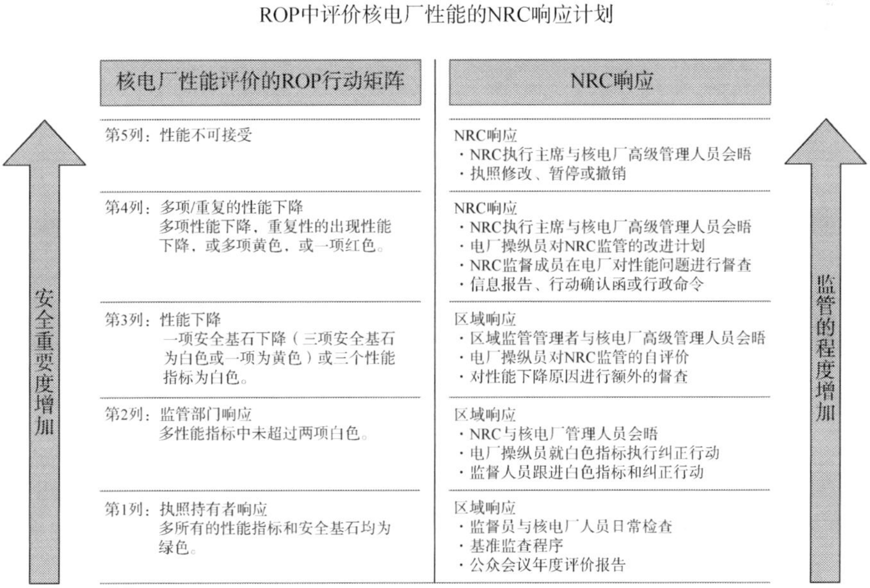

图 5-3 ROP 监管响应程序

对于 NRC 在检查期间发生的违规行为，将视其对电厂的安全和风险的影响程度执行相应水平的执法行动，如发布通告、罚款等。

现行的 ROP 与过去相比，有更多的信息需要向公众公开，也更频繁。这些信息都在 NRC 网站和公共文献资料室公开发布。NRC 工作人员对电厂提交的季度性能指标数据进行汇编和审核其数据的完整性和准确性，同时还对每个季度的检查结果进行评价，以确定其安全重要性，根据其重要性的颜色标记将其性能指标和重要性特性在网站公开发布，随之发布的还有其详细的统计数据和检查结果。

修订后的 ROP 监督方案有 4 个如下目标：

（1）通过建立 ROP 监督框框保证核电厂的安全，维护安全是 NRC 的首要任务与目标；

（2）通过提高监督过程的可预测性、一致性、客观性和透明度，增强公众对 NRC 监管的信心；

（3）将资源集中在最具有安全意义的事情上，提高监督过程的有效性、效率和现实性；

（4）通过使用更高效和有效的流程以减少不必要的监管负担。

6

安 全 基 石

针对每一个基石，工作人员采用一个自上而下、分层次、基于风险指引型的方法来：

(1) 识别基石的目标和范围；

(2) 识别基石的期望结果和重要属性；

(3) 识别为达到基石的目标而需要考虑的事件；

(4) 确定可以通过指标评价来监测的区域；

(5) 确定是否需要检查或信息源来补充指标体系；

(6) 确定各个安全基石的性能阈值，低于该阈值时，NRC 将采取额外的行动。

在可能的情况下，工作人员试图采用指标体系来测量安全基石性能，但如果不能确定指标体系，或确定的指标体系不够全面，工作人员将确定一种基准检查活动。同时，工作人员也将确定必要的检查活动，来验证上报的 PI 数据的准确性和完整性。采用这种自上而下、分层次的方法来确定指标体系和检查程序，以达到每个安全基石的目标。

反应堆监管程序的目标是在以下三个关键领域监测核电厂的性能：

(1) 核反应堆安全——避免发生事故和减少事故发生后，其引起的后果。

(2) 辐射安全——常规操作期间，针对核电厂员工和公众，减少不必要的放射性释放。

(3) 电厂防卫——保护电厂不受破坏或其他的安全威胁。

为了监管和测量核电厂的性能，该监管程序主要致力于监管七个基石，这些基石在三个关键领域支撑着电厂运行的安全。对其描述如下。

6.1 反应堆安全领域

(1) 始发事件——任何可能扰乱核电厂运行和挑战安全功能的事件，称为始发事件。该基石主要致力于限制始发事件的发生。该事件包括由设备失效引起的机组停堆、非计划故障引起的停堆或核电厂功率输出的大幅度变化。

(2) 缓解系统——在每个电厂中，设计这些安全系统来缓解始发事件的危害。缓解系统可以预防事故或减轻潜在事故引发的后果。该基石通过定期的测试和实际的指标来测量安全系统的功能。

(3) 屏障完整性——在核反应堆高放射性燃料和核电厂外的公众和环境之间，总共有三道重要的屏障。这些屏障为：①包含燃料芯块的燃料包壳；②反应堆压力容器及相关管道；③环绕反应堆的安全壳。连续对燃料包壳、压力容器及其管道进行检查，以防止泄漏；同时定期统计测量安全壳防泄漏的能力。

(4) 应急准备——每个核电厂必须有充分的应急计划，以有效地对潜在的事故做出响应。该基石测量电厂人员执行应急计划的有效性。这些应急计划每两年试验一次，参加的人员包括电厂员工、当地居民、政府，在某些情况下，还包括联邦政府。电厂人员自己进行应急演练的频率会更高。

6.2 辐射安全领域

(1) 职业辐射安全——NRC 的规程对电厂员工接受的辐射剂量设置了限定。辐射可能来源于控制不当，或是不受控制的辐射区，或者是置于电厂内的放射性原料。该基石监测电厂控制和减少辐射剂量的有效性。

(2) 公众辐射安全——NRC 的规程用于保护公众的健康和安全，使其免受释放到公众环境中的放射性物质的辐射。在核电厂正常运行期间，该基石监测那些减少放射性释放的程序和系统，把这些释放限定在联邦政府规定的范围之内。

6.3 电厂保卫领域

实体保护——核电厂必须拥有受过很好培训的员工、多种保护系统和程序，以保护重要的电厂设备。该基石用于测量安全和工作胜任度程序的有效性。

尽管 NRC 积极地监管安全、电厂保卫活动和核电厂的设备，但是，检查和评价的信息并没有对公众公开，这样做是为了确保潜在有用的信息不被可能的对手所获取。

7 个安全基石确定后，NRC 针对每个安全基石做了以下工作：

(1) 明确安全基石的目的和范围；

(2) 明确安全基石期望的结果和重要的属性；

(3) 明确需要监测什么以表明安全基石的目的已符合；

(4) 确定哪些需要监测的领域可以只用 PIs 来监视；

(5) 确定哪些需要监测的领域需要监督或者其他信息来对 PIs 作补充；

(6) 确定评判安全基石执行情况的准则，当在准则以下，则 NRC 要采取额外的行动。

根据这 6 条要求，NRC 对每个安全基石建立了一套性能指标（表 6-1）和可实施监督的领域（表 6-2）。两者合起来，就能覆盖各安全基石所有的属性。

表 6-1　每个安全基石的 PIs（目前 NRC 在用的性能指标）

安全基石	性能指标
始发事件	7000 临界小时非计划停堆次数 伴有某些情况的非计划停堆 7000 临界小时非计划功率改变
缓解系统	缓解系统性能指标 安全系统功能失效

续表

安全基石	性能指标
边界完整性	反应堆冷却系统比活度 反应堆冷却系统泄漏率
应急准备	应急培训和演习实施情况 应急响应组织培训和演习的参与 应急通信系统可靠性
职业照射安全	职业照射控制有效性
公众照射安全	放射性流出物排放
实体保卫	安保系统设备可用性 人员筛选程序执行情况 员工值班计划的有效性 注：这三项是以前的，“9·11”后这块内容不再公开了

表 6-2　每个安全基石的可监督领域

可监督领域	始发事件	缓解系统	边界完整性	应急准备	职业照射安全	公众照射安全	实体保卫
重要放射性区域出入口控制					×		
访问授权程序							×
出入口控制							×
恶劣天气保护	×	×					
ALARA 计划和控制					×		
警报和通知系统测试				×			
部件设计基础检查		×					
应变措施							×
演习评估				×			
应急响应组织增强测试				×			
应急行动等级和应急计划改变				×			
设备校准	×	×	×				
设备性能、试验和维修							×

续表

可监督领域	始发事件	缓解系统	边界完整性	应急准备	职业照射安全	公众照射安全	实体保卫
评估电厂的改变、测试或试验以及永久修改		×	×				
行动的评估				×			
火灾保护	×	×					
值班计划的合理性							×
防水淹措施	×	×					
热阱性能	×	×					
识别和解决问题	×	×	×	×	×	×	×
信息技术安保							×
在役检查活动	×		×				
乏燃料运输安保							×
操纵员资格认证		×	×	×			
维修风险评价和应急工作评估	×	×	×				
维修有效性	×	×	×				
物料控制和责任							×
可运行性评价		×	×				
电厂修改		×	×				
核电厂控制区管理							×
维修后试验		×					
保护策略评价							×
放射性监测仪表					×		
辐照工作人员的剂量控制					×	×	
放射性材料的管理和运输						×	
放射性气体和液体废水处理和监测系统						×	
辐射环境监测大纲						×	
换料和停堆活动	×	×	×				
突发事件应对							×
安保训练							×
监督试验		×	×				

7

交叉领域

除了评价安全基石的状态外，工作人员还识别出潜在影响电厂性能的某些方面。在核安全监管程序描述了三个交叉领域，这所以这样命名，是因为他们可能会影响所有关键领域内的每个基石。他们分别是：

（1）人员绩效（或人员能力）；

（2）有安全意识的工作环境；

（3）问题识别和解决（电厂人员的纠错程序）。

尽管这些方面没有被确立为特定的基石，但他们对于达到安全目标依然很重要。工作人员总结出这三个方面是影响电厂性能的根本原因。在每个安全基石里评价这三个方面的性能，或者是通过 PIs 和检查发现项来评价基石的性能，进而推导出这三方面的性能。

下文，将通过讨论来描述这些交叉领域问题的重要性，以及在基石开发过程中和随后的 2006 年 6 月版的反应堆监管程序（ROP）中，也对其充分解决安全文化问题进行了描述。

作为改进的 2006 版 ROP 程序中的一部分，工作人员采用了 IAEA 国际核安全机构对核安全文化的定义（该定义集合了组织和个人的特性和态度），他们都将核电厂安全问题置于高于一切的地位，应该根据其重要度得到足够的关注。而且，监管问题总结 2006-13，给出了反应堆监管程序的更改信息，描述了 ROP 检查程序、手册章节和评价程序的更改信息，使其能够全面地表述安全文化。三个交叉领域中的任意一个，都包含有构成安全文化的交叉领域组成部分。这 9 个交叉领域组成部分在 IMC0305 中有详细的描述。

7.1 人员绩效

无论是在电厂正常、异常还是紧急状态，对于核电厂的设计、维修、试验以及运行方面，人员的能力都发挥了重要的作用。在发生了三哩岛事故后，NRC 执行了一系列的程序，通过减少堆芯损坏和安全壳的失效的可能性，来提高人员操作的可靠性和核电厂的安全。

风险指引和基于性能的管理，在某种程度上使得 NRC 的角色从提高人员的可靠性向监管人员的可靠性转变。以前的一些成果也具有积极的作用，例如 TMI-2 事故就清楚地表现出安全有效的人员操作性能的重大缺失。改进的人员操作程序的成功，在于它可以使得 NRC 采用基于性能的方法来监管人员的操作性能。因此，如果电厂的性能可接受（通过 PIs 和基于风险指引性检查程序得来），则电厂人员的能力也可接受。换句话说，利用基于风险指引型的检查和 PIs 对每个基石进行评价，如果达到基石的安全目标，则与此基石相关的人员操作也处于可接受水平。对于电厂大范围的正常运行状态，包括功率运行或停堆时的维修和试验活动，电厂性能和人员能力之间的联系表现得更为强烈。审查电厂性能问题识别和解决程序，以确保在电厂根本原因分析和纠正行动中，人员能力的确定性和适当性，包括由人员操作引起的潜在的共因失效。

7.2 有安全意识的工作环境

在一个环境中，无论是电厂的管理层还是 NRC，其员工对于所关心的安全问题都能够自由地发表言论，所关心的问题能够得到及时的检查，并根据其潜在的安全重要性给予适当的优先权，及时将问题解决，反馈给员工，这样的环境，被定义为 SCWE。SCWE 是安全文化的重要组成部分。一般而言，管理层对安全的承诺，将促进 SCWE 的发展。不健康的安全文化表象包括出现大量的指控、电厂人员使用内部流程解决所提出的安全问题，以及堆积了大量的纠正维修行动。

SCWE是一个交叉的领域，因为一个不健康的SCWE可能影响任意基石的性能。例如，在提出关心的问题方面存在缺陷，或者在预防、检测、减轻打击报复方面观念不强，以及勉强员工提出核安全关注问题，将导致事件得不到解决，进而使得电厂对后续事件的响应复杂化。（缓解系统或屏障基石）

对于SCWE和性能问题的识别和解决程序，如果他们没有整合到一起，而是两个独立的个体的话，则他们总是相互依存的。针对问题识别和解决这一交叉领域，以及NRC在评价电厂性能的过程中SCWE所扮演的角色，提出了一个假设，即如果一个电厂具有差的SCWE，将使得问题和事件频繁地发生，进而导致一些指标超过阈值，或者在NCR的基准检查中出现检查发现项，或者都将导致这两种结果。

此外，因为基准检查包括了性能问题识别和纠正程序的检查（通过IP71152，问题识别和解决），所以电厂健康的安全文化也将获得一些间接的保证。总而言之，没有必要单独地对电厂的安全文化进行评估，因为在进行PIs或是检查活动中，已经间接对其进行了总结。

7.3 问题识别和解决

对于每个基石的性能，有效地定义和执行问题识别和解决程序是一个主要的要素。NRC反应堆检查和评价程序的基本目标是，在一定程度上检查和解决问题，以降低对公众的风险。在这一点上，NRC希望电厂能在技术和组织管理方面达到要求。在过去，无效的问题识别和解决程序，包括根本原因分析和问题自识别与自解决方面的管理缺陷，是电厂普遍的共性问题。问题识别和解决程序的范围包括自评程序，根本原因分析，安全委员会，运行经验反馈和纠正行动。

对于电厂性能问题识别和解决的有效性，许多领域没有专门利用个别基石的指标或个别风险指引型检查程序来评价。因此，如果涉及这个交叉领域的问题，就需要额外的重点检查程序来评价电厂的性能。即NRC就需要对电厂的纠正行动程序进行基准检查：

（1）对发生频率低，但能引起重要后果的事件的前兆进行检查；

（2）独立识别潜在的一般性问题，包括安全设备、程序改进、设计控制等一些特定问题；

（3）确保电厂充分解决潜在的共因设备故障问题，识别这些问题的途径有内部的事件和问题，或者来自其他电厂的运行经验反馈。

此外，对于在行动矩阵中可能超过阈值的潜在性能问题，该检查程序为 NRC 提供了早期预警，帮助 NRC 判断补充的响应是否会超过接下的行动矩阵的阈值。该检查还可以帮助 NRC 判断一个电厂是否建立 SCWE，并跟进已发现的问题。此外，该检查还可以为评价程序提供额外的输入信息，该输入信息一般由 SDP 提供。

在反应堆监管程序中，这些交叉领域的检查和评价扮演着重要的角色。在 NRC 所有的检查行动中，都将考虑他们，但只在电厂定期的评价中进行评价。

此外，对于在行动矩阵中可能超过阈值的潜在性能问题，该检查程序为 NRC 提供了早期预警，帮助 NRC 判断补充的响应是否会超过接下的行动矩阵的阈值。该检查还可以帮助 NRC 判断一个电厂是否建立 SCWE，并跟进已发现的问题。该检查还可以为评价程序提供额外的输入信息，该输入信息一般由 SDP 提供。

7.4　实质的交叉问题及安全文化监管

7.4.1　实质的交叉问题

当某座电厂存在实质的交叉问题时，NRC 将制定告知电厂的标准。在周期中期和周期末期的审查会议上识别实质性交叉问题的目的，是想告知电厂，NRC 对电厂在交叉领域方面的性能非常关注。在 2006 年 6 月的版本中，修改了制定程序来确定实质性交叉问题的决策，同时也改进了 NRC 对实质性交叉问题没能及时解决而可能采取的行动。执行实质性交叉问题评价程序的具体导则见 IMC0305。

7.4.2 安全文化监管

除了 3 个交叉领域中的 9 个交叉组成部分（利用基准检查和评价程序进行评价）外，工作人员还确定了附加的 4 个安全文化组成部分（不包括在 3 个交叉领域内）。这 13 个安全文化组成部分在 IMC 0305 中都有描述。通过对这 13 个安全文化组成部分进行检查，以确定电厂的根本原因分析，条件范围，以及基于基准检查（IP 71152，问题识别和解决）、特定的反应性检查（IP 71153，事件跟进）和补充检查（IPs 95001，针对战略区域内出现 1 个或 2 个白色；95002，针对一个降级基石或战略区域内出现 3 个白色输入；95003，针对重复的降级基石，多个降级基石，多个黄色输入或一个红色输入。）而得出的安全文化评价是否充分恰当。特别是在问题识别和解决的检查程序中，检查人员在评价电厂行动的恰当性时，将考虑所有的安全文化组成部分。在进行反应性检查期间，对于和安全文化组成部分相关的潜在促成因素，可有助于充分了解电厂事件及其可能原因的周围情况。以类似的方式，在进行 IP 95001 补充检查期间，针对所有的安全文化组成部分，检查人员将验证电厂的根本原因，条件范围，以及原因评估的范围的恰当性。执行 IP 95002 时，检查人员将独立地判断一个或更多的安全文化组成部分是否会对导致或促成风险显著的问题。如果电厂多个/重复基石降级，则工作人员将执行 IP 95003，对电厂的独立第三方安全文化评估进行评估，同时工作人员也将独立地执行电厂安全文化的评价。

8

ROP 的流程

8.1 流程介绍

通过前文的介绍，我们基本明确了 NRC 对电厂监管的主要内容（WHAT），接下来先简单介绍一下流程（HOW）。

图 8-1 说明了 ROP 的流程。

1. 风险指引基准检查

对所有核电厂每年都要实施的监督项目，目的是要确认核电厂的性能达到了 7 个安全基石的要求，保证核电厂运行处于安全状态。对于所有的运行电厂，无论其绩效如何好，NRC 每年都必须完成基准检查（Baseline Inspection）规定的监督活动。实施的项目和频度要求可见 IMC 2515 附件 A 的附录 3（Baseline Inspection Procedures）。

2. 一般安全检查

针对电厂特定的安全问题进行的监督。这种监督一般通过 NRR 的临时指令进行一次性的监督。

3. 事件响应

对事件的响应。当核电厂发生事件后，NRC 和地区监督站会依据事件的严重程度开展不同层级的调查（从小到大依次为 IIT \ SI \ AIT）。事件的严重程度是通过重要度确定程序 SDP（Significance Determination Process）流程确定的。

4. 额外检查

当通过基准检查、事件调查或者性能指标反映出电厂存在薄弱环节时

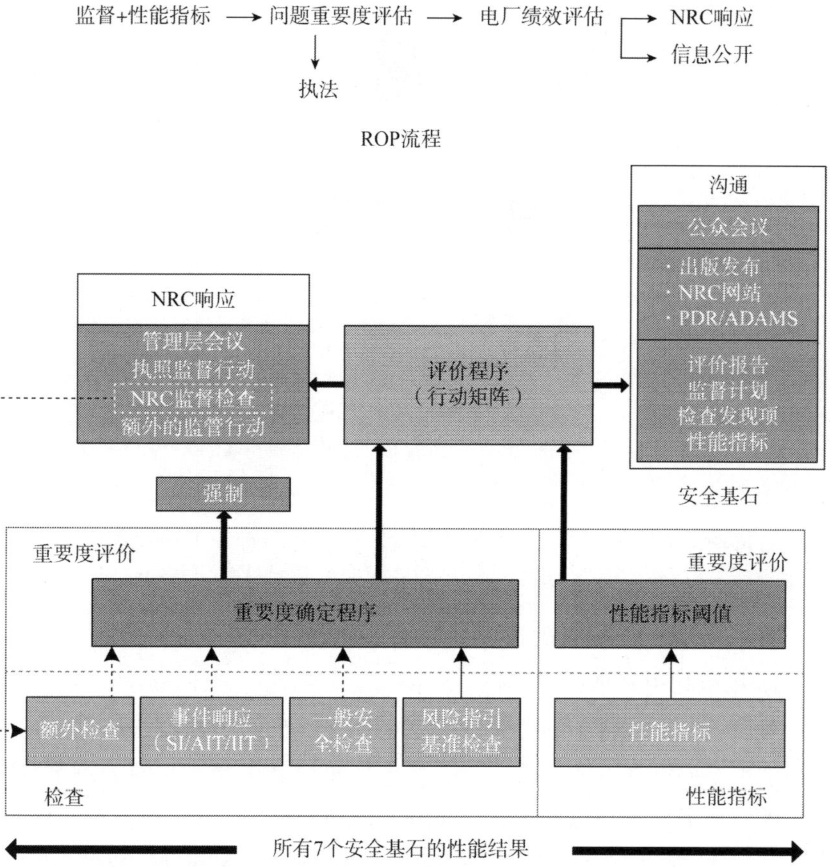

图 8-1　ROP 流程图

(也就是说 PI 指标或者 SDP 的结果是有白、黄、红时)，NRC 根据具体情况执行 3 个不同级别的非例行检查（Supplemental Inspections)，分别执行监督程序 IP 95001，IP 95002、IP 95003。具体可见 IMC 2515 和 IMC 2515 附录 B。

5. 性能指标

性能指标表示核电厂内特定安全基石性能的客观数据，ROP 重要内容之一就是推广执行一套性能指标体系，根据“决策矩阵”采取相应的行动，适合于核安全监管部门管理核电厂。

6. 重要度评价

对监督发现的问题或性能指标反映的问题的严重程序进行评估，包括性能指标准则和 SDP 准则。

7. 性能指标阈值

性能指标准则，用于判断性能指标处于哪个区间的判定值（比如 NRC 把区间分成绿、白、黄、红四个区间）。

8. 重要度确定程序

对监督发现的问题的严重程序进行评估的一套流程。

9. 评估流程

根据 7 个安全基石分别存在不同数量的白、黄、红色的问题和性能指标，确定电厂处于 ROP 行动矩阵（Action Matrix）中的哪一列，行动矩阵共有 5 列，分别为电厂响应（licensee response）、管理响应（regulatory response）、一个安全基石降低（degraded cornerstone）、多个安全基石降低或重复出现一个安全基石降低（Multiple/Repetitive Degraded Cornerstone）、性能不可接受（Unacceptable Performance ）。

10. NRC 的响应

针对行动矩阵的 5 个类别，规定了 NRC 需要执行的监督检查（基准检查或者基准检查加上补充检查），需要召开的会议级别以及 NRC 管理的行动。

11. 公众沟通

信息公开，即监管的情况要向公众和利益相关方公开。除了安保信息是不公开的，其他信息都可以通过以下方式获得：参与公众可参与的会议、网站（www. nrc. gov）、还可以到 NRC 总部申请查阅文件。

12. 执法。

8.2 ROP 程序文件体系

在反应堆监管过程中，NRC 总部的分析和监管人员、内外部专家支持人员、地方监督站人员或驻厂监督员，都在 ROP 覆盖的法规、手册、程序及支持文件指引下，开展监督、检查、验证、报告、沟通等工作。ROP 监管程序文件包括："总体监管文件""现场监察""性能指标""行动矩阵—行动响应”“执法”等多个方面，用于描述运行核电厂检查程序、性能指标的实施作了详细规定、为评价检查发现项风险重要性提供指导等。

8.3 ROP 电厂性能评价

ROP 对核电厂的性能评估，是利用核电厂上报的客观的性能指标和 NRC 的检查发现项来进行综合的测量和评价，其两大技术支柱为性能指标体系（SPI）和重要度确定程序（SDP）。

重要度确定程序采用风险指引型方法帮助 NRC 确定在七大安全基石检查发现项的安全重要度，从而帮助 NRC 确定营运单位安全性能水平并采取相应的响应措施。SDP 主要根据安全重要度不同将问题分为红、黄、白、绿四级，如图 8-2 所示。

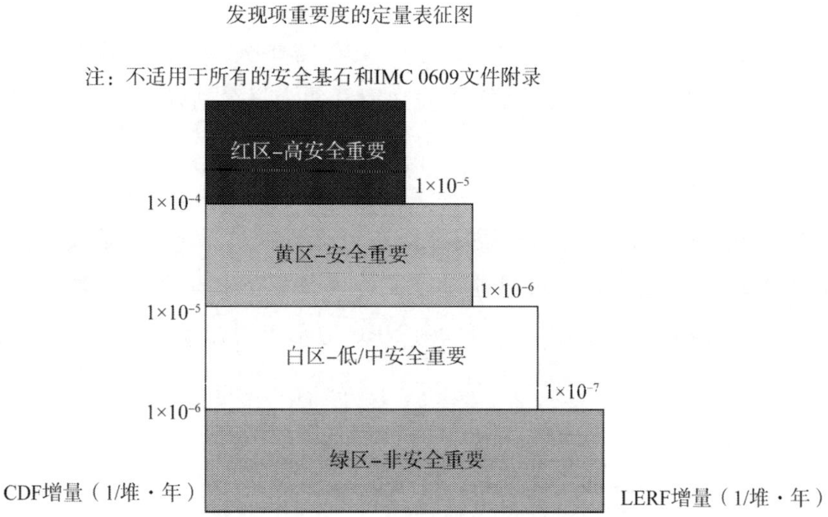

图 8-2　SDP 安全重要度分级

性能指标体系（Performance Indicators，SPI），主要从 7 个基石来评价核电厂安全管理的有效性，该体系最为重要的是利用 PSA 的计算结果给出重要系统在已确定时间内的性能和状态。“缓解系统的性能指标（MS-PI）”采用安全系统不可用度指标（UA）和系统不可靠性指标（UR），从设备的不可用次数、时间和设备在启动时或在运行中出现故障等反映系统的性能。评价系统实际的风险增量，即系统设备的不可用度（UA）和不可靠度（UR）分别与业界标准基准的不可用度和不可靠度之间的差值所带来的电厂堆芯损坏频率改变之和。

对于不同电厂，每一个安全基石都有对应的检查发现项和性能指标的指标阈值，制定风险指引型基准检查大纲来独立评价 SPI，并检查 SPI 无法覆盖的电厂其他区域。通过重要度确定程序（SDP）评估检查发现项的安全重要性，将性能指标数据与性能指标阈值比较。这两项评估结果通过评价程序进行分析，依据行动矩阵做出相应的响应行动，以确定电厂对降级性能的适当跟踪，从而实现对不同性能表现的核电厂采取与其风险相适应响应行动的差别化管理。

9

风险指引型等级

9.1 风险指引型等级

要建立新的性能评价程序，其中一个任务就是为 PIs 建立风险指引型阈值，为检查发现项建立相应的阈值，因此，就可以通过检查发现项和 PI 值的变化来获得性能降级指标。设置性能阈值时，考虑了对于不同等级的电厂性能，风险和监管程序的响应情况。规定该方法要与 NRC 其他的风险指型监管应用和策略相一致，同时也要符合监管要求和限制。原来方法的主要属性有：

（1）该方法应该包括已明确定义的多等级阈值，以满足对降级性能的明确观察和评价；

（2）该阈值应该基于风险指引，具有足够的实际性，同时也应该满足纵深防御的原则，指标应基于现有的监管要求和安全分析；

（3）相关的风险指示和纠正行动应该与 NRC 其他的风险应用一致，如有可能，应该基于现有的准则（如监管指南［RG］1.174 Ref. 19）；

（4）该方法应该提供一致的风险指引型性能指标，该指标结合了现有的监管要求和安全分析，以及实际情况。

（5）对于不能基于风险指引而设置的阈值，应该根据其将导致的必须监管响应等级，设置阈值的相应的等级；

（6）该方法应该能够利用风险指引的检查发现项来验证性能指标；

（7）不能基于风险指引而设置的阈值，应该设置成不同的等级，以便对发现项响应不同的监管行动；

(8) 对阈值应该有足够的等级划分，以有效的区分性能和限制误报(如允许阈值间有一个数量级的差别)；

(9) 在常规的性能带中应该留有足够的裕量，使得电厂能在达到升级的监管参与阈值之前主动地纠正性能问题；同时，表示初始降级性能的阈值之间也应该留有足够的裕量，使得在电厂出现不可降级性能之前，NRC和电厂能够做出有效的诊断和纠正措施；

(10) 每个PI都有各自的性能阈值；

(11) 对于特定的电厂设计，应进行适当的修改。

建立这些性能阈值的基础是RG 1.174，其吸收了监管分析指南[20]和安全目标政策声明[21]。在RG 1.174中，是通过堆芯损坏频率（CDF）和放射性物质的早期大量释放（LERF）来刻画风险。它们本质上是健康效应的替代，是安全目标政策声明中最重要的方法论，除此以外，它还与管理分析导则的方法论一致。在RG 1.174中，建立了可接受的导则来评估电厂基准的变更。

建立PI和检查发现项的阈值的本质是假设PI的值增加或发现项的指标变化，如果根本原因没有得到纠正，事实上就相当于增加了CDF和LERF。对于这一点，PIs的表现比检查发现项更为明显。在这种情况下，通过模型来表述潜在的性能问题，如果没有得到纠正，预计将导致具有相同频率的类似事件发生。

因此，该方法的挑战在于如何计算由于PI和检查发现项的变化而产生的影响。由于PIs类似于PRA模型中的参数（至少在某些方面），因此它能简单地将PI值的变化和风险变化联系在一起。通过采用一组PRA模型来建立阈值，改变和PI相对应的参数，直至CDF变为10^{-5}/a或10^{-4}/a，则得到的值就为白/黄和黄/红的阈值。因此，检查发现项的风险重要度也可以采用这种方法测量。在某些特定时期内，用SSC的不可用度来描述发现项的影响，随后用SDP来评价CDF的变化。

表9-1，给出了涵盖以上所有要素的整体模型。

表 9-1　评估电厂性能的总体模型

性能评价结果	响应	描述
绿色	电厂响应带	• 完全达到基石的目标； • 会存在极少使得电厂偏离预期性能的风险
白色	升级监管响应带	• 基石达到目标，但安全裕量存在较小的降低； • 性能变化符合 ΔCDF<10^{-5}（ΔLERF<10^{-6}）
黄色	要求监管响应带	• 基石达到目标，但安全裕量存在显著的下降； • 性能变化符合 ΔCDF<10^{-4}（ΔLERF<10^{-5}）
红色	重要的监管响应带	• 安全裕量存在不可接受的缺失；需要说明的是：在电厂的性能使得 PI 达到红带，对公众健康和安全存在巨大风险之前，安全裕量仍然是存在的

该模型是阈值、PIs 的性能带、检查发现项及其总体性能的改进基础：

（1）电厂响应带的特点是，如果基石具有可接受的性能，则完全达到安全目标。该性能带被定义为绿带，性能问题没有足够的重要性，因此 NRC 不会升级监管行动。电厂有足够的灵活性来管理纠正行动。

（2）当电厂的性能超过正常的范围时，但仍然处于可接受的水平，将升级监管响应带。该性能带被定义为白带，基石达到目标，但安全裕量有极小缩减量；虽然超出正常的性能，但仍处于技术规范限制内。降级的性能由 10^{-5}ΔCDF 或 10^{-6} ΔLERF 的风险变化量表示，CDF 和 LERF 的阈值特性和 RG 1.174 一致。

（3）必须地监管响应带包括性能降级，降级的性能对于基石的目标而言，仍为可接受的水平，但在安全裕量方面却有显著的下降，接近或超过技术规范的限定。该性能带被定义为黄带，降级的性能由 10^{-4}ΔCDF 或 10^{-5}ΔLERF 的风险变化量表示。阈值的特性和需要的监管响应和风险指引型应用及强制行动一致。

（4）红带内降级的性能由大于 10^{-4}ΔCDF 或 10^{-5}ΔLERF 的风险变化量表示。电厂的性能表示为安全裕量的不可接受缺失。需要说明的是，电厂性能会导致 PI 达到红带，但是在没有对公众的健康和安全产生过度的风险之前，依然存在裕量。

这个总体模型也是应用评价程序中的行动矩阵来确定电厂的总体性

能。如 IMC0308 附件 4 中的描述，通过其中的表 12 的总体模型而建立行动矩阵每列的阈值，以普遍、系统的表示降级的电厂性能。然而，个别的评估输入（PI 和检查发现项）和电厂的总体性能（行动矩阵）之间的应用性能带的概念有根本的差异。

首先，当个别的性能问题处于黄带中时，可能表示在某些特定的方面或电厂性能区域内，存在显著的安全问题，但该单个问题只是代表了电厂整体安全的小幅度降低。这是电厂的设计采用了纵深防御的理念结果，并将导致行动矩阵列与表 12 中的性能带不对齐。

其次主要的差异是行动矩阵由五个性能列组成，然而总体模型只含有 4 个性能带。需要考虑的是，在某些情况下，一个红色输入不一定总是反映电厂性能的总体水平的不可接受。正如前面讨论的黄带情况，当存在一个可能使性能严重降级的红色输入时，基于电厂纵深防御的设计原则，将认为电厂的总体性能处于不可接受的水平。因此，为了反映这种情况，增加两列来描述 NRC 对于电厂总体的可接受和不可接受性能的响应，该响应由红色的评价输入引起。

9.2 委员会义务

在改进 ROP 程序期间，委员会在 ROP 程序应该解决的某些特定问题方面提供了方向。这些条款有助于形成 ROP 的基本原理，为 ROP 许多重要属性建立基础。这些条款绝大部分是 SRMs，SRMs 对 ROP 改进期间出现的书面文件和管理简报给出的响应。影响 ROP 发展和后续委员会对安全文化监管的重要条款的摘要如下：

a. SRM for SECY-98-045，1998 年 6 月 30 日

1. 虽然强制执行是一项有效的监管工具，但委员会不希望强制执行作为评价行动的主要手段；

b. SRM for SECY-99-007 and SECY-99-007A，1999 年 6 月 18 日

1. 工作人员应该考虑多种方法，确保评价程序能够充分的处理程序故障（包括纠错程序的故障、特定的质保程序某些方面的故障）。这些程序

故障与由许多小的监测发现项构成的问题有所不同。为了配合这种方法，检查、评价和强制执行程序的整体方向需要发生改变，工作人员不应该持续评价一个系统的可行性，分析多个具有较低安全重要性问题的风险重要度，但是这些问题集中起来又具有较高的安全重要性。

2. 不管电厂是否识别出需要监管部门行动，委员会每年都应该进行简短的摘要。

3. 工作人员应该在每年的委员会会议之前，向电厂（和公众）提供第四季度的评估，以帮助电厂去解决 NRC 所关心的一些问题，提供适当的程序和确保在委员会会议期间不出现意外。

4. 工作人员应该考虑怎么解决电厂所识别的问题，使得电厂不会有争议性的问题识别程序。

c. SRM for SECY-00-0049，2000 年 5 月 17 日[22]

1. 工作人员应该减小行动矩阵的偏差，明确记录偏差的根本原因，以及向相关人员明确解释偏差的根本原因。

2. NRR 和地区监管部门应该采取行动，确保检查人员在适当的环境下展开检查，在不影响整体成果的条件下，使得检查和强制执行程序具有客观性和一致性。

3. 在工作人员对重要的关注问题采取行动之前，应该说明他们所识别的交叉领域问题和显著的检查发现项或降级 PI 之间具有明确的强关系。

d. SRM for SECY-04-0020，2004 年 3 月 29 日[23]

1. 工作人员应该开发单独的程序，来考虑和安全相关的检查发现项和性能指标，确定适当的响应行动。在开发单独的，但和 ROP 并行的电厂保卫程序时，工作人员应该吸取行业内安全工作组现有的解决方法。若有必要，可以从安全督导委员会那里寻求应急问题的说明和咨询。

e. SRM for SECY-04-0111，2004 年 8 月 30 日[24]

1. 工作人员应该加强 ROP 对交叉领域问题的处理，以更加全面地解决安全文化问题。

2. 工作人员应该对 ROP 行动矩阵中电厂的降级基石列展开部分的检查行动，确定是否需要对电厂的安全文化展开特定的评价和开发程序来做出决定和管理评价。

f. SRM for SECY-05-0187，2005 年 12 月 21 日[25]

1. 工作人员继续与外部的利害相关人员配合，对已改进了的 ROP 建立起对 Davis-Besse 的经验教训专责小组的响应。

2. 工作人员应该开发一套程序，在电厂处于 ROP 行动矩阵中的降级基石时，确保安全文化评价的合理性。

3. 工作人员应该将 ROP 解决安全文化问题的显著变化记录在 ROP 指导性文件或/和基础文件中。

工作人员应该确保 ROP 的修改结果和指导 ROP 修改的监管准则保持一致。

10

核电厂性能的测量和检查

核电厂的性能是利用核电厂上报的客观的性能指标和 NRC 的检查发现项来进行综合的测量和评价。这两种方法都集中对安全和整体风险有较大影响的电厂活动进行测量和检查。当性能指标能够全面地表征电厂的性能时，则检查程序只验证 PIs 的有效性；当某些区域性能指标不能覆盖时，则根据检查发现项来评价电厂的性能水平。

检查发现项＋性能指标＝电厂性能评价

此外，NRC 还对每个电厂程序的有效性进行周期的和年度的审查，以确认和纠正问题。这些程序，及其他们的输入和输出，在以下的章节中都有详细的描述。

10.1　性能指标

每个性能指标都有一套准则来规定可接受的性能水平。正如所有的行业活动，核电厂并不能达到零错误或零风险。设备问题和人员失误都将会发生。在足够的安全裕量内，每个性能指标确定了运行状态的可接受水平。该准则必须是客观的，并且能根据已建立的安全裕量来反映风险。每个基石的性能指标如表 10-1 所示。

表 10-1　安全基石的性能指标

安全基石	性能指标
始发事件	• 非计划停堆（自动和手动） • 丧失反应堆冷却剂系统，产生非计划停堆 • 导致堆功率很大变化的非计划事件

续表

安全基石	性能指标
缓解系统	• 安全系统的可用性和可靠性 • 安全系统失效
屏障完整性	• 燃料包壳（测量反应堆冷却剂系统里的放射性） • 反应堆冷却剂系统泄漏率
应急准备	• 应急响应组织演练执行 • 应急响应组织的演习参与 • 通报系统的可用性
职业辐射安全	• 根据规程控制电厂内的辐射区 • 员工受到不可控的辐射量超过规程限制的辐射量 10%以上
公众辐射安全	• 根据 NRC 的规程和电厂的条件上报放射性流出物
实体保护	• 安全系统设备可用性 • 员工筛选程序的能力 • 员工工作胜任度程序的有效性

10.2 性能指标的使用

每个性能指标都是采用一套颜色编码系统对每个安全性能进行测量。

绿色——指示的性能在预期的性能水平内，也达到相关的基石的目标。白色——指示的性能超出了预期正常性能的范围，但仍达到相关基石的目标。

黄色——指示的性能达到相关基石的目标，但安全裕量有一定的减小。

红色——利用性能指标测量的区域，其安全裕量有显著的减小。

评估性能指标的数据，结合 NRC 检查程序中的检查发现项，最后对电厂的安全性能进行详细的评价。

由电厂收集这些指标，并每季度向 NRC 上报。随后，NRC 的人员将编辑和审查这些指标，每季度在 NRC 的网站上公布。

核反应堆监管程序包括 NRC 人员的检查，这些检查人员具有多样的背景和能力，他们之中有电厂操作人员、工程师、辐射防护人员、应急准备人员和安全保卫人员。

检查程序是基于所有核电厂常见的基准检查程序而建立的。

10.3 检查程序

运行核电厂的检查程序由四部分组成（基准检查、一般性检查、事件检查和补充检查），其中 NRC 日常的主要工作是基准检查。基准检查定义了检查的最低水平，对于所有电厂，无论其性能如何，都将进行基准检查。当通过 PIs 或其他的检查程序（主要是基准检查程序）得出电厂性能降级时，要进行补充检查，独立评价性能降级的根本原因，或对电厂事件进行检查，以确定其重要性和相关部门的必要响应。当电厂由于性能问题而处于停堆状态时，因为许多 PIs 和基准检查程序不适用，需要采用特定检查程序（IMC 0305）进行检查和评价。

此外，基准检查程序也包括对交叉领域内的人员绩效、具有安全意识的工作环境和电厂操作人员识别和解决问题进行审查。2006 年 7 月，NRC 对反应堆监管程序进行了改进，以提高 ROP 发现电厂安全文化降低的能力，并对于选择基准检查程序、事件响应和补充检查程序也做了调整。

执行检查的人员有 NRC 在每个核电厂的驻厂检查员和 NRC 四个地区之一的地区检查人员，或 NRC 总部的检查人员。地区检查员主要来自普鲁士、宾夕法尼亚州、亚特兰大、佐治亚州、伊利诺斯州和得克萨斯州。

对于进行的所有检查活动，都将发布检查报告。基准检查报告，由驻厂的检查员进行编辑，然后由检查专家在每个季度的末期进行发布。特定的检查和补充检查报告在完成检查后的几个星期内进行发布。这些检查报告可以在 NRC 网站的图书馆链接中找到，他们都被收集在 NRC 总部的公众文件档室的称为“ADAMS”的在线文档。

（1）基准检查

基准检查主要集中对具有显著风险的活动和系统进行检查，这些活动和系统可能引发事故，影响缓解系统或增加事故的后果。此外，对于低于已有性能阈值的电厂，除了进行基准检查外，还将根据性能指标和 NRC 的检查进行不同于基准检查的其他的检查。

检查程序采用风险指引的方法，选择每个基石的检查区域。这些检查区域在潜在风险、以往的运行经验和监管要求方面非常重要。

基准检查程序包含 4 部分：

1）对指标没有覆盖的区域或指标没有完全覆盖的区域进行检查；

2）对电厂上报的性能指标进行审查，以验证其准确性；

3）对电厂在识别和解决问题方面的有效性进行全面的审查；

4）初步跟进电厂事件和降级状态，以确定他们的安全重要度。

基准检查程序描述了特定的检查活动，以评价电厂程序和进程，以及他们识别和电厂性能相关的问题的执行情况。除 PIs 以外，利用基准检查程序而得出的检查发现项，通过评价其重要性后，可在每个安全基石内评价电厂的性能。基准检查程序不用于确定引起电厂性能问题的根本原因，规定了在补充检查中对其评价和确定根本原因，补充检查超出了基准检查程序的范围。

（2）补充检查

对电厂内特定的事件或变化的电厂性能，执行基准程序以外的检查。例如，如果性能指标或检查发现项显示增加了安全重要度，则 NRC 可能执行特定检查或补充检查，以审查电厂的状态和评价电厂操作员响应的有效性。对于一些复杂情况，NRC 可能会派遣一支额外的检查小队，从 NRC 的其他地区或总部引进额外的专家。对于一些更为严重事件，将组建更高等级的事件检查团队。

补充检查的最低等级是 IP 95001，针对性能区域内出现一个或两个白色输入的检查，用于审查和有选择性地质疑电厂的根本原因评价的某些方面，而不是对性能问题进行独立的根本原因分析。然而，由 NRC 识别出的，根据电厂根本原因评价而的重要性问题，如有需要，可能会导致扩大检查范围，来独立完成检查需求。此外，对于目前在评价程序中有一年的原始性能问题，只有在进行补充检查中识别并解决后，才不考虑执行行动矩阵中的行动。

补充检查 IP 95002（对于出现一个降级基石或性能区域内出现 3 个任意的白色输入），其目的不仅是审查和选择性地质疑电厂根本原因评价的某些方面，还独立地对个别风险显著的问题进行根本原因分析。

这两项补充检查的目的都是向 NRC 提供需求的信息，以评价安全状态。NRC 可以通过独立地进行检查或审查电厂根本原因分析的结果，来获得该信息。如果电厂不向 NRC 提供其想要的信息，则 NRC 就需要进行独立的检查，以获取想要的信息。

补充检查的最高等级是 IP 95003，针对重复的降级基石、多个降级基石、多个黄色输入或一个红色输入进行补充检查，旨在确定安全的广度和深度。该补充程序更侧重于判断，而不是简单的标示，审查了不涵盖在基准检查程序中的程序。

（3）同类安全问题检查

同类安全问题是指，通过对电厂运行状态的评估，NRC 识别出电厂出现的问题有：①涉及公众健康和安全；②涉及共同防御、安全和环境方面的问题。NRC 网站上的“GIP GENERIC ISSUES PROGRAM”其相关管理程序，包括五个主要的步骤：①识别；②审查；③筛选；④安全/风险评估；⑤监管评估。除此之外，该程序还要求向国会和公众跟踪和汇报持照者同类安全问题的状况和解决方案。依据 1974 年能源重组法案［1974，Energy Reorganization Act（Public Law 95-209）］，国会要求 NRC 开展此项检查工作。

（4）事件检查

检查人员依据反应堆检查基准程序 IMC 0309“Reactive Inspection Decision Basis for Reactors”中定性筛选和定量筛选的细则，对三类事件进行评价。三类事件是：执照运行事件、电厂运行状态严重降级的事件和安全缓解系统动作的事件。依据筛选细则，确定事件级别，从而决定相应的事件检查的等级。事件检查分为四级：无额外的检查、特别检查（Special Inspection，SI）、增强检查组（Augmented Inspection Team，AIT）、事故调查（Incident Investigation Team，ITT）。

11

监督检查

如图 11-1 所示，轻水反应堆监督大纲-运行阶段（IMC 2515）及其附件 A-F 规定了 NRC 对运行轻水反应堆的监管。

IMC	2515	Light-Water Reactor Inspection Program-Operations Phase	10/18/13	13-025	.docx
IMC	2515 App A	Risk-Informed Baseline Inspection Program	03/08/13	13-008	.docx
IMC	2515 App B	Supplemental Inspection Program	08/18/11	11-013	.docx
IMC	2515 App C	Special and Infrequently Performed Inspections	06/11/14	14-012	.docx
IMC	2515 App D	Plant Status	02/24/12	12-003	.docx
IMC	2515 App E	Inspection Program Modifications During a Pandemic	01/26/07	07-004	.doc
IMC	2515 App F	Reactor Construction Activities Near Operating Unit(s)	06/02/11	11-009	.docx

图 11-1　轻水反应堆监督大纲

此运行监督大纲主要对以下三种监督检查做了规定：

（1）风险指引基准检查

基准检查的目的是确认电厂的绩效水平能维持电厂运行处于安全状态（处于“licensee response band”这个类别中）。对于所有的运行电厂，无论其绩效如何好，NRC 每年都必须完成基准检查规定的监督活动。

（2）特定电厂补充检查

当通过基准检查、事件调查或者性能指标反映出电厂存在薄弱环节（也就是说 PI 指标或者 SDP 的结果有白、黄、红），电厂的绩效水平超出了“licensee response band”这个类别时，NRC 会针对问题执行补充检查。

（3）共性安全问题检查

对于一些紧急的、有安全影响的共性问题，NRC 会针对问题实施监督

（特定的非例行检查），另外对于电厂重大的改进，NRC 也会实施监督、审查。这种监督活动一般是一次性的。

11.1 风险指引基准检查

此项监督检查主要有 3 件事情：核实电厂报送的性能指标报告（Verification of performance indicators）；基于安全基石的监督（Cornerstone-based inspections）；监督电厂问题诊断和处理大纲的执行情况（Identification and resolution of problems）。

主要原则：

（1）符合性监督：评估电厂的大纲和程序及电厂执行大纲和程序的情况；

（2）风险指引：可监督领域根据其风险信息，并结合运行经验、管理要求和确定论分析等，作出选择；每个领域的监督频度也依据其风险信息；每个领域中选择的监督活动也依据其风险信息；

（3）最低限度：地区监督在每个自然年内对每个核电厂必须要按监督程序完成监督活动。关于完成的定义是每个监督站可以有 4 项监督程序不完成，但对于辖区内的某个核电厂，不能多于 1 项监督程序未完成。

11.1.1 基于安全基石的监督

主要有三个方面的监督：对可监督领域的监督，事件调查和电厂状态审查。

（1）可监督的领域见本书的 ROP 框架；

（2）事件调查。

重要事件定义（significant event）：发生在 NRC 许可的电厂里的，对公众健康和安全、共同防御和安全、财产或环境造成或可能造成危害的事件，包括放射性、实物保护、保密及其他等方面的事件。

除了重要事件，就是不太重要的事件（low significant event）。不太重要的事件，一般由现场监督员或地区监督站负责调查。

对于重要事件，NRC 会依据事件的重要程度，专门成立不同级别的事件调查组，实施基准检查之外的监督。从重到轻依次是事件调查组 IITs（Incident Investigation Teams）、强化检查组 AITs（Augmented Inspection Teams）以及特定检查 SIs（Special Inspections）。

事件重要程度判定的准则包括确定论的和概率论的。通常的流程是，先用确定论的准则判定哪些事件需要用概率论准则做进一步的分析；对刷选出来的事件，用概率模型和软件计算事件的 CCDP，流程可参考 IMC 0609；评估 CCDP 值的不确定性以及计算所用假设的影响；根据 CCDP 的结果并结合用确定论得出的观点，最终确定调查级别。

如何实施各级别的调查在 MD8.3 中和 IP71153 中均有说明，示意图如图 11-2 所示。

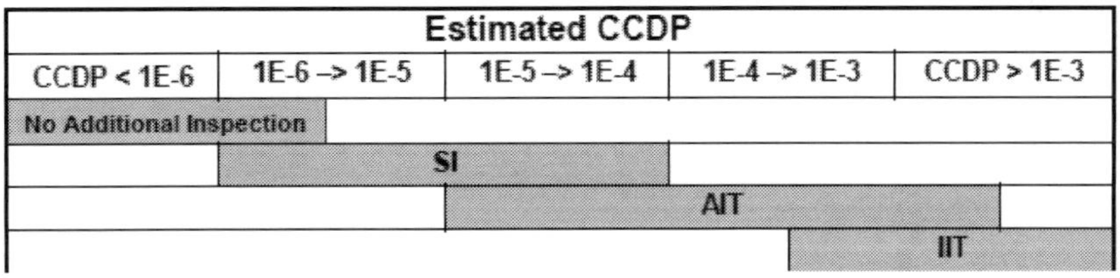

图 11-2 各级别调查实施

（3）电厂状态审查。

现场监督员需要关注电厂的状况、出现的问题、进行的工作和计划实施的活动，以掌握电厂的实际运行情况。根据了解的情况，结合监督计划，现场监督员决定实施哪几项可监督领域，以及选择哪些活动作为每个领域的样本。

现场监督员使用的监督程序见表 11-1。

表 11-1 基准检查监督程序清单

IP/IA No. 编号	程序名称	频度
71111 反应堆安全—始发事件、缓解系统、屏障完整性		
71111.01（1R01）	恶劣天气防护	A
71111.04（1R04）	设备停复役控制	Q/A
71111.05AQ（1R05）	防火（年度或季度）	Q/A

续表

IP/IA No. 编号	程序名称	频度
71111.05T	防火	T
71111.05TTP	防火-向 NFPA805 的过渡期	T
71111.06 (1R06)	防水淹措施	A
71111.07 (1R07)	最终热阱性能	A/T
71111.08 (1R08)	在役检查	R
71111.11 (1R11)	操纵员资格认证	Q/B
71111.12 (1R12)	维修有效性	A
71111.13 (1R13)	维修风险评价和应急工作控制	A
71111.15 (1R15)	可用性评估	A
71111.17 (1R17)	变更、试验和永久性修改的评估	T
71111.18 (1R18)	电厂修改	A
71111.19 (1R19)	维修后试验	A
71111.20 (1R20)	R 换料停堆活动	R
71111.21 (1R21)	部件设计基准检查	T
71111.22 (1R21)	在役试验	A
	71114 应急准备	
71114.01 (1EP1)	综合演习评估	B
71114.02 (1EP2)	广播和通信系统试验	B
71114.03 (1EP3)	应急响应组织、人员和补充体系 (补充体系是除了需要轮班的应急人员之外的其他人员，根据需要，按一定的管理流程，参加应急响应)	B
71114.04 (1EP4)	应急行动水平和应急计划变化	A
71114.05 (1EP5)	应急准备弱化的纠正	B
71114.06 (1EP6)	单项演习评估（程序还包括培训评估）	A
71114.07 (1EP7)	应对恶意破坏行为的应急演习	B
71114.08 (1EP8)	演习情景审查	AN
	71124 照射安全—公众的和职业的	
71124.01 (2RS1)	辐射风险评估和照射控制	A
71124.02 (2RS2)	职业照射 ARALA 计划和控制	B
71124.03 (2RS3)	厂房内气载放射性控制和缓解	B

续表

IP/IA No. 编号	程序名称	频度
71124.04（2RS4）	职业照射剂量评估	B
71124.05（2RS5）	辐射监测仪表	B
71124.06（2RS6）	放射性气态和液体流出物的处理	B
71124.07（2RS7）	放射性环境监测大纲	B
71124.08（2RS8）	放射性固体废物处理和放射性材料	B
71130 安保		
71130.01（3S01）	出入授权	B
71130.02（3S02）	出入控制	A
71130.03（3S03）	意外事故响应	T
71130.04（3S04）	设备性能、试验和维修	B
71130.05（3S05）	安保策略评估	T
71130.05（3S06）	安保信息的保护	T
71130.07（3S07）	安保培训	B
71130.08（3S08）	岗位规范	B
71130.09（3S09）	业主控制区的控制（在最新的基准检查大纲中取消）	A
71130.10（3S10）	信息技术安全（在最新的基准检查大纲中取消）	TBD
71130.11（3S11）	核材料控制和衡算	TBD
71130.12（3S12）	乏燃料运输的实物保护（在最新的基准检查大纲中取消）	TBD
71130.14（3S14）	Review of Power Reactor Target Sets	
Other Baseline Procedures		
71151（4OA1）	性能指标核查	A
71152（4OA2）	问题诊断和处理	A/B
71153（4OA3）	事件调查和 NOED（Notices of Enforcement Discretion）	AN

注：Q=季度，A=年度，R=换料停堆，B=每两年，T=每三年，AN=如需要。

11.1.2 性能指标核实

核电厂每个季度需要向 NRC 报性能指标报告，包括的性能指标如表 11-2 所示。

表 11-2　性能指标表

安全基石	性能指标（performance indicators）
始发事件	7000 临界小时非计划停堆次数 伴有某些情况的非计划停堆 7000 临界小时非计划功率改变
缓解系统	缓解系统性能指标 安全系统功能失效
边界完整性	反应堆冷却系统比活度 反应堆冷却系统泄漏率
应急准备	应急培训和演习实施情况 应急响应组织培训和演习的参与 应急警报和广播系统可靠性
职业照射安全	职业照射控制有效性
公众照射安全	RETS/ODCM 放射性流出物排放
实物保护	安保系统设备可用性 人员筛选程序执行情况 员工值班计划的有效性 * 这三项是以前的，“9・11”后这块内容不再公开了

监督员需要对除实物保护之外的性能指标进行核实，一般每个季度选择 2～3 项，保证每年对所有性能指标都进行过核实。监督员主要是对将电厂报告的数据与电厂的原始记录进行对比，原始记录包括运行日志、纠正行动记录、维修记录等。监督员按监督程序 IP 71151 实施核查。

如果核查发现电厂性能指标报告中数据不准确或不完整，则需要执行监督程序 IP 71150 “Discrepant or Unreported Performance Indicator Data”。同时，这种不一致也是一种执行力弱化或违规行为，按相关程序要求对其严重程度进行评估，并采取执法行动。

11.1.3　关注电厂的问题诊断和处理

NRC 对于 SLⅣ，绿色的 PD，或者更小的问题，通常只要求电厂按照纠正行动大纲自行处理完毕即可，因此，为了保证这些问题都得到妥善的处理，NRC 需要审查电厂问题诊断和处理方面的水平及维持情况。

审查包括缺陷报告程序、自我评价、质保监查、根本原因分析和纠正行动。如果审查发现在问题诊断和处理方面存在不足，NRC 会考虑实施补充检查。

11.2 特定电厂的补充检查

NRC 根据具体情况执行 3 个不同级别的补充检查：

（1）监督电厂查找问题的根本原因，执行 IP 95001；

（2）扩大基准检查的监督样本或者成立一个专门的检查组进行检查，执行 IP 95002。

（3）组织一次更宽范围的、多领域多专业的检查，执行 IP 95003。

表 11-3 特定电厂的补充检查

补充检查程序（IP）	范围（Scope）
IP 95001，“Supplemental Inspection for One or Two White Inputs in a Strategic Performance Area” 三个监管领域每一个领域内中有 1～2 个白色问题（2 个白色属于不同的安全基石）	审核电厂对直接原因和根本原因、是否存在其他类似状况和原因的影响范围的评估，以及采取的纠正行动。监督仅限于特定的问题或者关注的领域
IP 95002，“Supplemental Inspection for One Degraded Cornerstone or any Three White Inputs in a Strategic Performance Area” 三个监管领域每一个领域内中有 3 个白色问题或者有一个安全基石降低（2 个及以上白色或 1 个黄色）	审核电厂对直接原因和根本原因、是否存在其他类似状况和原因的影响范围的评估，以及采取的纠正行动。纠正行动针对包括个人的和集体的问题，并确定是否有安全文化方面的问题。使用相应的监督程序对电厂是否存在其他类似状况进行独立评估

续表

补充检查程序（IP）	范围（Scope）
IP 95003，"Supplemental Inspection for Repetitive Degraded Cornerstones, Multiple Degraded Cornerstones, Multiple Yellow Inputs or One Red Input" 安全基石重复出现降低，或者多个安全基石降低，或者有多个黄色问题，或者有1个红色问题	评估影响绩效的关键属性以确定电厂是否可以继续运行，或者附加的管理行动是否需要。独立评定有重大风险问题的影响范围，用于诊断、评估和纠正问题的大纲和流程的充分性。独立评估受影响领域相关的大纲和流程的充分性。获得所有根本原因和直接原因的见解。确定 NRC 的监管流程对安全状态下降是否提供了足够的警示。评价第三方对许可证持有者所做的核安全文化评估，根据评价的结果独立对电厂实施核安全文化评估

11.3 监督计划

（1）综合监督计划

地区监督站综合未来18个月计划对辖区内所有电厂要实施的监督活动和可用的资源情况而制定的监督计划，该计划中还会有针对每个电厂的执行监督、评估、执法等分配的资源概况。

该计划至少每半年发布一次（在半年评估和年终评估时进行）。

（2）年度监督计划

地区监督站针对每个厂址制定年度监督计划，如果同一厂址内的机组不同，则针对每个机组制订监督计划。年度监督计划中包括基本监督项目、所有性能指标的核查，以及本年度需要执行的非例行检查。对于基本监督项目，需要完成监督程序中规定的监督活动的数量、类型和频度。

该计划至少每半年发布一次。

（3）现场监督计划

由于某些监督程序的执行与电厂的实际情况有关系，在制订年度计划时无法预知，所以现场监督员要根据情况制订现场监督计划并跟踪，确保年度监督计划的完成。一般要求计划的周期与监督报告的周期一致。(NRC书面监督报告是每季度报告一次，口头报告是每天上午报告前一天的机组情况)。

(4) 监督计划的调整

根据电厂评估的结果（评估有季度、半年和年终评估），地区监督站可以在同一安全基石内调整需要实施的监督活动，将监督的重点放在有问题的地方，但监督大纲和监督程序规定的活动数量、活动类型和频度必须要完成。

11.4 监督检查实施

按照监督计划和监督程序的要求开展相关的活动。

监督程序通常包含的内容有：

(1) 可监督领域 Inspectable Area；

(2) 安全基石 Cornerstone；

(3) 程序生效日期 Effective Date；

(4) 说明为何要实施这项监督 Inspection Basis；

(5) 频度 Evel of Effort；

(6) 监督目的 Inspection Objectives；

(7) 监督要求 Inspection Requirements；

(8) 监督指引 Inspection Guidance；

(9) 监督花费的时间 Resource Estimate；

(10) 完成状态 Completion Status。

在完成状态中明确了完成该程序需要选择的最小样本数，即需要实施的、与该领域相关的最小监督活动数量。但具体活动由监督员根据活动的重要性和电厂的具体状态，在监督计划中明确，同时也可临时调整。

11.5 监督报告

监督报告主要描述监督检查的范围和检查发现的问题（findings）。一般情况下，电厂表现好的一面不在报告中体现，但是，如果这种好的表现（在性能指标中能体现）能降低检查发现的问题的潜在安全重要度时，就需要在报告中描述。报告的具体格式、内容等要求在IMC 0612有明确的规定。

12

电厂性能评价

12.1 重要度确定程序

检查人员使用重要度确定程序（SDP）来确定检查发现项的安全重要性。该程序可以对检查发现项进行初步的筛选，以确定他们不会导致电厂风险的显著增加，是否需要对其进一步分析。

绿色——显示安全重要度非常低的发现项；

白色——显示安全重要度从低到中的发现项；

黄色——显示安全重要度重大的发现项；

红色——显示安全重要度高的发现项。

对于可能会影响电厂风险的剩余检查发现项，需要进入到 SDP 的下一个阶段，以获取更加全面风险评价。这项详细的评价需要适当区域的风险评价专家参与，同时也需要电厂的员工进行进一步的审查。这项审查的最终输出是评价该发现项是绿色、白色、黄色，还是红色，进而确定 NRC 需要采取的进一步行动。

12.2 季度的电厂评估

每个季度，驻厂检查员和地区检查员都会采用性能指标和检查发现项，审查该地区内所有电厂的性能。本评估是在每年评价期的每个季度总结后的五周内进行的。必须考虑最近期的 PIs 和检查发现项来确定与行动矩阵相一致的NRC行动。每6个月，需要对电厂详细的性能评估进行审查，参与电厂详细性能评估的人员包括NRC总部人员、地区检查员和驻厂检查员，以及编制性能报告。并且，基于每6个月电厂的性能审查，NRC将确定针对每个电厂接下来18个月的检查计划。

12.3 年度性能报告和公开会议

在NRC的网站上可以查到年度性能报告。此外，每年NRC人员和电厂人员都会在电厂举行公众会议，以讨论电厂过去一年的性能。公众会议为电厂附近的个别居民提供了了解电厂安全性能状态，以及和NRC人员对话的机会。此外，在该会议上，NRC的高级管理层审查NRC对电厂的显著性能问题响应的适当性。并且，该管理人员也将从更广的角度审查总的工业性能和NRC的监管能力。

12.4 性能评价流程

综述所属，NRC对电厂性能评价主要根据性能指标评价结果和检查评价结果。如图12-1所示，两项评价结果都进入评价程序（行动矩阵），并按评价程序确定下一步工作。

通过安全性能指标和检查发现项重要性评定，NRC对电厂的性能进行季度审查，以确定是否需要采取额外的监管。性能评价程序包括5个等级的监管响应。（见表12-1）

a）执照者响应栏（第1栏）

1. 所有行动矩阵的输入是绿色的；

2. 许可证持有者将收到完整的风险指引型基准检查大纲。NRC希望将任何识别的缺陷通过许可证持有者的纠正行动大纲来说明。

b）监管响应栏（第2栏）

1. 行动矩阵中的输入导致任何一个基石中不超过一个白色输入、在任何一个策略性能区域中不超过两个白色输入。

2. 希望许可证持有者将识别的缺陷置入其纠正行动大纲中，并对根源

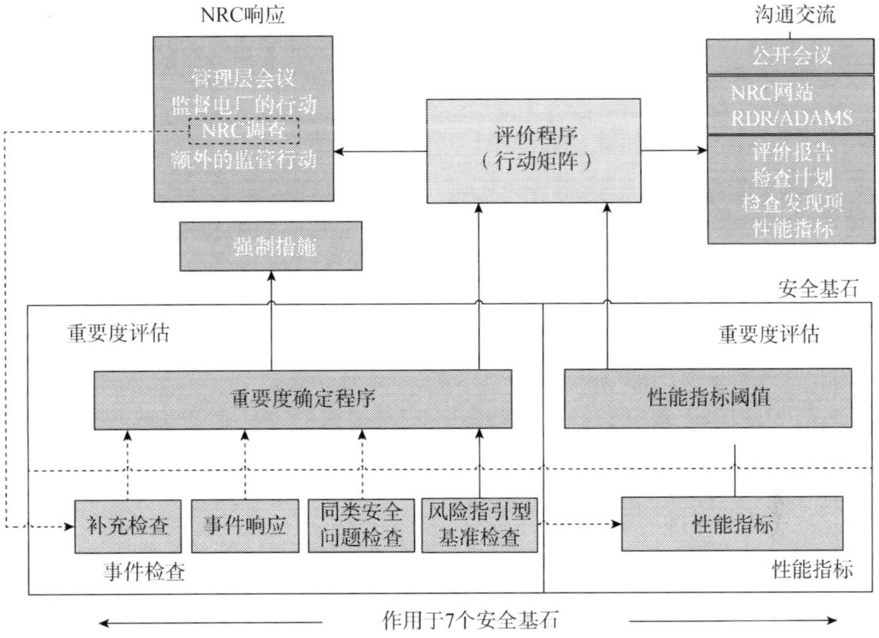

图 12-1 性能指标评价流程图

和贡献原因进行评估。

3. 将采用 IP 95001（《策略性能区域中一个或两个白色输入的补充审查》）对许可证持有者的评估进行评审。

4. 在检查完成后，分部负责人和部门主任应和许可证持有者一起对性能缺陷和许可证持有者拟议纠正行动进行讨论。监管性能会议可在检查出口会议、定期 NRC 管理层讨论或许可证持有者以及合适的分部负责人（或部门主任）进行的电话会议。

c）降级基石栏（第 3 栏）

1. 降级基石中的行动矩阵输入结果（任何基石中的两个或多个白色输入或一个黄色输入）或战略性能区域的 3 个白色输入；

2. 希望许可证持有者在其纠正行动大纲中考虑识别的缺陷，并对单个和共同问题的根本原因和贡献原因进行评估。该评估应确定安全文化部件中的缺陷许可证持有者性能是否会引发风险重要的性能问题有对其有重大贡献。如果是，则许可证持有者应说明这些缺陷；

表 12-1　性能评价程序包括的监管响应

		持照者 响应栏	监管 响应栏	降级 基石栏	多个/重复 降级基石栏	不可接受 性能栏	IMC 0350 程序
结果		所有的评估项（性能指标（PIs）和检查事项）为绿色；完全符合安全基石目标	在某个安全领域内有 1 个或 2 个白色输入项（不同基石内）；完全符合安全基石目标	在某个安全领域内有一个降级基石（2 个白色输入项或 1 个黄色输入项）或有任意 3 个白色输入项；基石目标符合安全性能的中等降级标准	出现重复的降级基石、多个降级基石、多个黄色输入项或 1 个红色输入项；基石目标符合安全性能中长期缺陷或重要降级标准	整体性能不可接受，安全裕量不可接受；在此区域内，不允许电厂运行	电厂处于 IMC 0350 中规定性能问题的停堆工况下
响应	持照者行动	持照者纠正行动	持照者在 NRC 监管下进行根本原因评估	持照者在 NRC 监管下进行根本原因和共因分析评估	在 NRC 监管下实施持照者性能改进计划		在 NRC 监管下实施持照者性能改进/重启计划
	NRC 监管行动	风险指引型基准监管大纲	基准和补充审查规程 95001 进行补充审查	基准和补充审查规程 95002 进行补充审查 条件允许的话电厂在 AARM（机构行动评审会）中讨论	基准和补充审查规程 95003 进行补充审查 电厂在 AARM 中讨论	命令修改、暂停或取消许可证批准的活动，电厂在 AARM 中讨论	根据重启检查清单进行特定的基准和补充审查，电厂在 AARM 中讨论

续表

		持照者响应栏	监管响应栏	降级基石栏	多个/重复降级基石栏	不可接受性能栏	IMC 0350 程序
响应	性能监管会议	无	分部主管（BC）或部门主任（DD）与持照者会晤	DD 或地区行政官（RA）与持照者会晤	RA（或 EDO 运行执行主任）与持照者管理高层会晤	与持照者管理高层会晤	RA（或 EDO）与持照者管理高层会晤
交流	评价书	BC 或 DD 审核/签署评价报告	DD 审核/签署评价报告	RA 审核/签署评价报告	RA 审核/签署评价报告		RA（或小组组长）评审/签署相关文件
	年度公开会议	SRI 或 BC 与持照者会晤	BC 或 DD 与持照者会晤	RA（或其指定者）与持照者讨论性能问题	RA 或 EDO 与持照者管理高层讨论性能问题		小组组长定期进行公开情况会议
	委员会参与	无	无	持照者三年或更久仍然位于此栏，与持照者管理高层召开委员会会议	六个月内与持照者管理高层召开委员会会议	与持照者管理高层召开委员会会议	按要求召开委员会会议，有些事项需要重启批准

3. 将采用 IP 95002《一个降级基石或一个策略性能区域的任何三个白色输入的补充检查》对许可证持有者的评估进行评审。地区也将采用从 IMC 2515 附录 B 的表格中选取的恰当的审查规程对条件范围进行独立评价；

此外，如果根据 NRC 是根据 IP 95002 检查进行识别的且许可证持有者没有意识到，NRC 可要求许可证持有者完成独立安全文化评价，对引起风险重要的性能问题或对其有重大贡献的一个或多个安全文化部件缺陷进行评价；

当 NRC 要求许可证持有者进行独立的安全文化评价时，必须采用 IP 40100《独立安全文化评价跟踪》中的导则。地区办公室必须将该导则用作 IP 95002 检查的特例并还应给 IP 95002 补充时间。跟踪工作的重点是要确认许可证持有者可适当地通过其安全文化评价处理识别的弱点。地区工作人员可和 NRR/DIRS 保健物理学和人员行为部门的负责人进行沟通，以获取更多帮助和指导。

4. 在 IP 95002 检查完成后，RA 或其指定人应和许可证持有者一起讨论性能缺陷和许可证持有者拟议纠正行动。监管性能以应是许可证持有者和 RA 或其指定人之间进行的公开会议；

5. 每次电厂进入行动矩阵第 3 栏时，地区应根据 IP 71152《问题识别和解决》评价进行附加的 PI&R 小组检查的益处。在电厂进入行动矩阵第 3 栏的那个季度后的 2 年期间，应该考虑附加检查的最大值。在认为附加检查是适当的情况下，地区应在恰当的评价函中向许可证持有者提供做出进行该检查决定的依据；

6. 三年或更久仍然位于第 3 栏中的许可证持有者将被邀请与委员会一起讨论性能问题和其说明这些问题的计划。

d）多个/重复的降级基石栏（第 4 栏）

1. 重复的降级基石中的行动矩阵输出结果，多个降级基石，多个黄色输入或一个红色输入。

2. 许可证持有者希望许可证持有者将识别的缺陷置入其纠正行动大纲中，并对单个和共同问题的根源和贡献原因进行评估。该评估可包括一个第三方评价。

此外，在进入第 4 栏 6 个月内，NRC 希望许可证持有者与委员会进行会晤以讨论说明性能缺陷的计划和其改进计划。还希望许可证持有者进行第三方安全文化评价。

3. 将执行 IP 95003《重复的降级基石、多个降级基石、多个黄色输入或一个红色输入的检查》来评审性能缺陷的广度和深度、评价许可证持有者安全文化评估并单独对许可证持有者安全文化进行降级评价。不单独对许可证持有者的安全文化进行评价的决定将是一个行动矩阵偏差。然而，如果工作人员完成了第三方的安全文化评价方法、评价工作和根本原因评估的验证，那么工作人员将采用许可证持有者的第 3 方评价结果和许可证持有者的根本原因评估来满足检查要求。该情况不构成行动矩阵偏差。附加的检查计划必须在与 NRR/DIRS 主任或副主任协商后由合适的地区部门主任批准。

地区办公室必须将需要许可证持有者说明以关闭导致许可证持有者进入第 4 栏的事项的具体行动。描述 4 个季度后仍保持行动矩阵中检查事项开放的致许可证持有者信必须在与 NRR/DIRS 的主任或副主任协商，并由合适的地区部门主任授权。

4. 每次当一个电厂进入行动矩阵第 4 栏时，地区应按照 IP 71152 对进行附加的 PI&R 小组检查的益处。在那些附加的检查被认为是恰当的情况下，地区应在相关的沟通中向许可证持有者提供其做出该检查决定的依据。

5. 检查完成后，EDO 或其指定人与 RA 和 NRR 的主任一起将决定附加的 NRC 行动是否得到了保证。至少，地区办公室会发布一个验证行动书（CAL）来记录许可证持有者的义务，如在其性能改进计划和其他书面或口头的义务。当评价跟踪函发布后，CAL 应能明确说明当有效实施和由 NRC 确认后的许可证持有者行动将提供必要的依据来使该电厂转换出第 4 栏。这些行动应尽可能地明确和客观。

也应考虑其他行动，包括进行附加的检查、发布信息需求或发出命令直至并考虑电厂停堆。RA 应在致许可证持有者书中记录工作人员决定的结果。如果需要，应在完成 IP 95003 前考虑这些监管行动。

注意：除了 CAL，行动矩阵栏中所列的监管行动不是强制性的。然而，关于许可证持有者性能的重要新信息可用时，地区办公室应考虑每个监管行动。

6. 监管性能会议应是许可证持有者和 EDO 或其指定人之间的公共会议。这些地区应考虑如下所述的真实性能改进：

1）新电厂事件或事项没有揭示相似的重大性能弱点；

2）NRC 和许可证 PIs 不能描述没有恰当说明的相似的重大性能缺陷；

3）许可证持有者的性能改进大纲说明了持续改进；

4）NRC 附加审查显示了在弱点的关键区域的许可证持有者改进；

5）除了行动矩阵第 4 栏中列出的问题之外，没有导致 NRC 采取附加监管行动的问题；

6）此外，许可证持有者在所有强制的监管行动中有重大进展［如，CALs、命令或 50.54（f）函件］，由于导致第 4 栏指派的性能缺陷。

由于位于行动矩阵第 4 栏的电厂所反映的性能问题的广度和深度，需谨慎地保证，在关闭检查事项和使电厂退出行动矩阵的第 4 栏之前，已经做出通常需要花去超过几个季度达到的真实性能改进。

在关闭了原始事项并发布了评价跟踪函之后，许可证持有者会回到由合适的行动矩阵输入代表的行动矩阵栏。

7. 此外，在初始事项关闭后的两年时间内，地区办公室可采用与安全矩阵第 3 栏或者第 4 栏的一致的行动以保证许可证持有者改进举措。［C2］这些行动不能构成行动矩阵偏差，包括：

1）关注评审改进举措的结果的在定期会议或现场访问的高级管理层参与（如，减少纠正行动后备并完成性能改进计划）；

2）在和 NRR/DIRS 的副主任协商后，进行附加的 IP 95003 和 CAL 跟踪检查（最多两年时间不超过 200 小时的直接行动）；

3）年度公共会议和后续评价函的授权。

在周期中期和周期末期的会议上必须讨论行动矩阵要求的行动以外的行动，以保证需要附加行动来监管许可证持有者改进举措的适当基础。到延长期末，在随后的周期中期和年度评价函中描述这些行动。所有说明了这些附加行动的评价函必须包括 NRR/DIRS/IPAB 部门负责人的一致意见。

e）不可接受的性能栏（第5栏）

1. 许可证持有者性能是不可接受的，在本栏中不允许持续的电厂运行。不可接受性能表示NRC缺乏对许可证持有者能够或决心要执行其活动来保证公共健康安全的保护。不可接受性能可包括：

1）多个设施的许可证、技术规范、导则或命令的严重违例；

2）对许可证持有者遵照设计基准维护和运行设施的能力失去信心（例如，多重安全显著的例子，确定设施超出了其设计基准，因为不合适的改进、设计基准信息不可用、不合适的组态管理或被论证缺乏有效的PI&R。）；

3）一种许可证持有者管理控制失效的形式，有效地说明预防重复发生的重大问题。总之，是希望而不是要求进入行动矩阵第4栏，IP 95003的完成要在考虑电厂是否归属于第5栏前。

2. 希望许可证持有者进行第三方安全文化评价。

3. 如果NRC确定许可证持有者的性能是不可接受的，那么将发布停堆命令。

4. NRC将评价许可证持有者对其安全文化的评估并采用IP 95003单独进行许可证持有者的安全文化评价。不单独对许可证持有者的安全文化进行评价的决定将是一个行动矩阵偏差。然而，如果工作人员完成了第三方的安全文化评价方法、评价工作和根本原因评估的验证，那么工作人员将采用许可证持有者的第三方评价结果和许可证持有者的根本原因评估来满足检查要求。

5. EDO或其指定人将在监管性能会议上与许可证持有者高层会晤，以讨论许可证持有者的降级性能和纠正行动，委员会还将与许可证持有者高层会晤以讨论在设施的运行恢复前需要选取的问题。

6. 将根据IMC 0350进行电厂性能的NRC监督。

f）IMC 0350程序栏

1. 如该IMC第12.01节所述，已经满足进入IMC 0350的准则，许可证持有者性能的后续管理评审确定此时不能保证会进入第5栏。考虑在执行IMC 0350程序的电厂超出了正常评价程序并在IMC 0350的控制下。然而，行动矩阵中已经增加该栏以说明类似的NRC恢复和传达的目的且这并不一定代表许可证持有者性能的最差等级。

2. NRC 管理层将按季评审许可证持有者的性能以确定是否能够保证进入第 5 栏。

3. 希望许可证持有者将确定的缺陷置入其性能改进计划中，并对单个和共同的原因进行根本贡献原因的评估。

4. 按照 IMC 0350 所述，在适当情况下，地区办公室将进行基准和补充检查，以及根据重启清单进行的特别检查。应根据 IMC 0608《性能指标计划》继续收集 PI 数据，需要适应于停堆工况范围。应在周期中期和周期末期评审中讨论正处于 IMC 0350 程序的电厂，将整个地区办公室的检查计划成为一体，并使内部利益相关者知悉正在进行的检查和监督活动。通常不给这些电厂签发周期中期或年度评价函。因为地区办公室进行定期公共会议来讨论许可证持有者性能，这些电厂也将不召开年度公共会议。

g）性能评价活动

按 IMC 0305 程序，对 NRC 评价活动的等级、频率、参与者、活动期望的结果和要沟通的内容进行了对比，见表 12-2。

表 12-2　性能评价活动对比表

评审等级	频率/时间	参与者（*表示负责人）	期望的结果	沟通
继续	继续	SRI、RI、地区检察人员、SRAs、DIRS	性能了解	不要求；在超越阈值时，通过评价跟踪函通知许可证持有者
季度	每季度，季末 5 周后	反应堆项目主任（DRP）BC*、PE、SRI、RI；DIRS	1. Detect trends；2. Plan inspection；3. 监督趋势；4. 电厂检查	更新数据集；在超越阈值时，通过评价跟踪函通知许可证持有者
周期中期	周期中期；第二季度末的	反应堆安全主任（DRP）（DRS）or DRP DD*、DRP 和 DRS BCs、DIRS	1. 监督趋势；2. 电厂检查	包含约 15 个月检查计划的周期中期函

续表

评审等级	频率/时间	参与者（* 表示负责人）	期望的结果	沟通
周期末期	周期末期；评价周期末期的7周后	DRS or DRP DD、RAs*、BCs、主要检查人员、SRAs、DIRS、HQ办公室（在适当情况下）	电厂性能的评价、地区行动的监督和协调	包含约15个月检查计划的年度评价信
周期末期总结会议	安排在最后一次地区周期末期评审完成后一周	NRR OD、RAs、DIRS、OE、OI、其他 HQ 办公室（在适当情况下）	总结周期末期评审的结果	机构行动评审会议上讨论的信息
机构行动评审会议	每年，在年度评价信发布的7周后	EDO*、NRR OD、RAs、DRS/DRP DDs、DIRS、OE、OI、其他 HQ 办公室（在适当情况下）	合适的 NRC 行动的评审	委员会介绍，紧随其后的是有单个许可证持有者参与的讨论评价结果的公共会议（在适当情况下）

13

重要度确定

NRC 主要对三类问题进行重要度的确定：传统的违规行为、监督检查中发现的问题和性能指标。NRC 在评定违规行为时，主要考虑以下 5 个方面：

（1）违规行为是否已产生实际的安全后果；

（2）违规行为是否有可能产生安全后果；

（3）违规行为是否影响 NRC 执行监管；

（4）违规行为是否是故意的；

（5）违规行为存在的时间跨度。

13.1 传统的违法行为

目前，除能用 SDP 来评定的违规行为（违规行为存在 PD）外，NRC 一般用传统的方法进行评价（tradition enforcement），其严重程度分为 5 类，由高到低依次为：Minor Violation、SLI、SLII、SLIII、SLⅣ。在执法政策（enforcement policy）中对各种类别作了原则性规定，以及给出了一些例子。评定方法如下：

（1）如果评定的违规行为与给出的例子比较符合，就把严重程度定为例子给定的等级；

（2）地区监督站认为需要定为不同的级别，并且有些情况在执法手册中没有描述，则须在提交总部的文件中说明理由或者在签发之前与 OE 协商；

（3）如果评定的违规行为没有相符合的例子，就根据其安全重要程度定出一个级别，并给出一些相似的例子。

13.2 监督检查中发现的问题

用 SDP 的方法确定监督检查中发现的问题的重要程度，由高到低依次为：红、黄、白、绿和 minor issues。目前 NRC 目前使用的性能指标及其准则值可见 IMC 0308 附录 A。

对于监督发现的问题，NRC 使用 SDP 程序进行重要度的判定，具体在 IMC 0609 中有规定。主要规定有：

13.2.1 评定前先对问题做深入的了解，并确定问题的特征

监督过程中发现的问题都需要与业主代表对问题进行讨论，并在监督周期结束前的一次会议上与业主管理者正式说明。

对问题特征的确定首先按照 IMC0609 附录 4- Phase 1，“Initial Screening and Characterization”的工作单实施，由现场监督员负责。实施流程如下：

(1) 填写监督发现问题固定信息表 Table 1；

(2) 根据表 1 中的信息，填写 Table 2-Cornerstones Affected by Degraded Condition or Programmatic Weakness，从而确定哪个或哪些安全基石受到影响；

(3) 根据表 1 和表 2 的信息，完成 Table 3-SDP Appendix Router，从而可以确定接下来需要使用哪个程序，对监督发现问题做进一步的分析；

SDP 程序清单如下：

IMC 0609，Appendix A，“Significance Determination of Reactor Inspection Findings for At-Power Situations”适用于在运行状态的机组

IMC 0609，Appendix B，“Emergency Preparedness SDP”适用于应急准备

IMC 0609，Appendix C，“Occupational Radiation Safety SDP”适用于职业照射安全

IMC 0609，Appendix D，“Public Radiation Safety SDP”适用于公众辐照安全

IMC 0609，Appendix E，“Security SDP for Power Reactors”适用于运行机组安保

IMC 0609，Appendix F，“Fire Protection and Post-Fire Safe Shutdown SDP 适用于

防火和火灾后的安全停堆

IMC 0609，Appendix G，“Shutdown Safety SDP”适用于停堆状态下的安全

IMC 0609，Appendix H，“Containment Integrity SDP”适用于安全壳完整性

IMC 0609，Appendix I，“Operator Requalification，Human Performance”适用于操纵员的授权和人员绩效

IMC 0609，Appendix J，“Steam Generator Tube Integrity SDP”适用于SG传热管的完整性

IMC 0609，Appendix K，“Maintenance Risk Assessment and Risk Management SDP”适用于维修风险评估和风险管理

IMC 0609，Appendix L，“Significance Determination Process for B. 5. b”（B. 5. b event - 由于火灾或爆炸造成电厂一大块区域丧失，丧失的程度超过了设计基准）

IMC 0609，Appendix M，“Significance Determination Process Using Qualitative Criteria”用定性准则来确定问题的重要度的流程

13.2.2 确定重要度

附录A到附录M中采用的重要度确定方法和要求各不相同。现场监督的主要工作是对机组在运行状态时的监督，所以在这里以附录A的流程作为例子进行介绍。

(1) 现场监督员根据事先了解的情况，选择附件1-4中适用的附件，并回答附件给出的问题（Yes or No选项），确定问题的重要度是绿色还是需要进一步的分析。如果问题的重要度被定为绿色，在监督周期结束前的那次会议上就可关闭。如果问题重要度未被定为绿色，该问题就需要提交到地区监督站本部，由负责SDP的人员进行进一步的审查。

(2) 现场监督员对问题进行详细的描述，以便给地区监督站的SRAs提供足够的信息。现场监督员在SRAs的帮助下，使用SAPHERE软件、RASP手册和其他需要的风险信息，算出问题的重要度。NRC作风险分析的人一般把这一步叫做第二阶段（PHASE ii）。

(3) SRAs要对监督员在第二阶段作出的结果进行审查，审查会结合许可证持有者提供的有用的信息，审查过程中SRAs可以向总部NRR内的风险分析员寻求技术支持。NRC作风险分析的人一般把这一步叫做第三阶段。

(4) 地区监督站编制报告，详细描述监督发现的问题，计算所作的假

设、对 SPAR 模型所作的修改、计算的结果，初定的颜色、执法建议等信息，征求过其他监督站的 SRA 或者总部 NRR 风险分析员的意见后，提交 NRC 总部 SERP 会议审查。

（5）SERP 会议审查后的结果就代表了 NRC 对监督问题的初步评定结果。如果结果是绿色，它将作为最终结果反映在监督报告；如果结果是红色、黄色、白色或者是高于绿色的，则地区监督站会签发初步重要度确定函给许可证持有者，征求他们的见建，也是给他们一个进一步说明的机会。

（6）如果许可证持有者接受结果或者未进一步提供相关信息，则初步评定结果就作为最终结果。如果许可证持有者提供了信息，监督人员审查后认为结果不改变，则初步评定结果就作为最终结果，审查后认为结果可以降级，则重新召开 SERP 会议，会议确定的结果作为最终结果。最终结果将通过最终重要度确定函告知许可证持有者。

（7）如果许可证持有者不同意 NRC 的最终决定，还可以按照附件 2 SDP Appeal Process 中的规定进行申诉。

13.2.3 时限要求

IMC0609 中规定了各节点完成的时限要求：

T_0——描述监督发现问题的首份公函的签发日期，或者是监督报告的签发日期，或者是重要度初步确定函的签发日期；

T_{30}——签发重要度初步确定函的最近日期；

T_{70}——完成管理会议的最近日期（许可证持有者需提前 7 天提供材料）；

T_{85}——完成最终 SERP 会议的最近日期；

T_{87}——签发执法通知报委员会的最近日期；

T_{90}——签发最终确定函。

对于重要度是绿色或者某些特定情况下，可以超出 90 天的期限要求。

13.2.4 SERP 会议（重要度和执法审查会）

SERP 会议是对监督发现问题的重要度描述、确定的基础进行管理审查。

会议一般有 OE 部门的执法协调者来组织和准备，由地区监督站、总部的技术代表、总部的监督大纲代表和执法代表参加（代表不限于 1 人）。会议召开的时间一般是已计划好的地区监督站执法周会期间，由地区监督站提前告知执法协调者信息，并确定 SERP 会议时间和参加的人员。至少在会议召开前的 5 个工作日，地区监督站会把监督发现问题相关的资料发给执法协调者。执法协调者将资料分发给计划参会人员。到点后就召开会议。会上主要讨论问题描述是否准确全面，确定的颜色是否合适，存在什么违反行为以及建议的管理要求。

关于 SERP 会议的具体情况，在 IMC0609 附件 1 有详细说明。

13.2.5 评定准则

根据 ΔCDF 和 ΔLERF 的值来评定，通常取两者的高值。

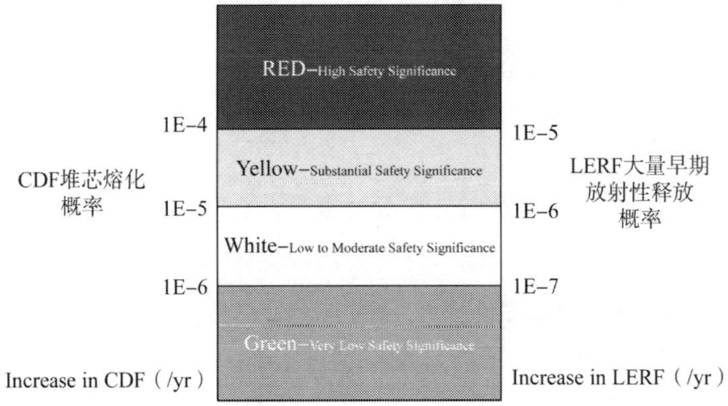

图 13-1 评定准则

13.2.6 性能指标

对于性能指标，在设计性能指标时，就已确定了各性能指标重要度划分的准则。IMC0308 附件 1 对性能指标的定义、计算和准则做了规定。其他文件资料还包括核能研究所的 NEI99-02 “Regulatory Assessment PI Guideline”，对性能指标的评价规则具有很好的指导价值。

14

绩效评估

简单地说，对电厂的绩效评估就是根据监督检查发现的问题和性能指标，以及它们的重要程度，评价电厂处于 ROP 行动矩阵中的哪一列。

电厂绩效评估包括连续审查、季度审查、半年审查和年末审查。季度审查、年中审查和年末审查评估所用的数据都是过去连续 12 个月的（第一季度用的是去年 4 月—今年 3 月、半年审查（第二季度）用的是去年 7 月—今年 6 月，第三季度用的是去年 10 月—今年 9 月，年终（第四季度）用的是今年 1—12 月）。

14.1 连续审查

在两次季度审查之间，现场监督员和科室的主管在日常监督中就会关注电厂的绩效情况，核查在季度末电厂的性能指标是否会超过准则值、监督中发现的问题是否会改变电厂所处的 ROP 行动矩阵位置。当存在以下情况时，地区监督站可能会签发评估后续行动函：

（1）有安全重要的监督发现（其重要度是最终确定的），这种情况下，评估后续行动函可以与 SDP 函合并在一起；

（2）根据现场监督掌握的数据，性能指标值预计会超过准则的；

（3）之前的安全主要监督发现在季度末将关闭。

14.2 季度审查

（1）季度审查要求在每个季度结束后的 5 个星期内完成。

（2）主管科室的负责人审查最近的12个月的性能指标（季度结束后的21天内电厂会按要求提交）和12个月内的监督发现的问题（所有电厂的所有问题都会记录在电厂问题矩阵中，并根据行动矩阵要求判别现行的监督计划中是否需要增加监督活动。

（3）地区监督站根据审查的结果确定每个电厂应在ROP行动矩阵中的位置，并与NRC总部的人员交流。

（4）评估结束后的2周内，NRC通常会签发季度评估后续行动函。函的要求在IMC 0305也作了明确规定。

14.3 半年审查和年终审查

（1）地区监督站要审查过去12个月的性能指标，监督发现的问题，执法行动，以及过去24个月的问题诊断和处理监督报告。审查会议要求在季度结束后的7周完成。半年审查和年终审查还会考虑独立评估机构的结果，比如INPO、IAEA和OSART等。

（2）在准备审查会议时，地区监督站需要：制定会议议程；针对每个电厂编制汇报材料，包括电厂的问题、性能指标和建议的监督计划；对于位于ROP行动矩阵的第3～5列的电厂，还需要编制电厂绩效概要；考虑经验反馈。

（3）半年审查会议由地区监督站核电工程部的负责人（或替代人）主持，主管科室负责人负责汇报；年终审查会议由地区监督站负责人（或替代人）主持，核电工程部的负责人或主管科室负责人负责汇报。其他参与人员为会议提供支持，参与人员可以是其他监督站的人员、其他电厂的监督员、总部的相关部分人员等。

（4）半年审查会形成半年评估函，在季度结束后的9周内签发。年终审查会形成年度评估函，在自然年结束后的9周内签发。函的要求在IMC 0305也作了明确规定。

14.4 年终总结会

在年终审查会结束后，NRC 内部相关部门和人员会做一个总结，在此不做详述。

14.5 ROP 行动矩阵

见表 14-1。各条目说明如下：

（1）监管绩效会议：

会议参与方是 NRC 和许可证持有者，主要讨论监督发现的安全主要问题的纠正行动。会议可以单独召开，也可以在其他会议时讨论相关问题。会议结果在监督报告中反映或出会议纪要。

（2）执照持有者响应行动：

根据电厂在 ROP 行动矩阵中所处的位置（COLUME1-5），其应采取的响应行动。如果电厂没有完全执行 ROP 行动矩阵中要求的纠正行动，NRC 就会实施相关的 supplemental inspection。

（3）NRC 监督检查：

根据电厂在 ROP 行动矩阵中所处的位置（COLUME1-5），NRC 确定对电厂实施的监督。

（4）监管响应行动：

根据电厂在 ROP 行动矩阵中所处的位置（COLUME1-5），NRC 确定对电厂采取的管理行动。

（5）信息沟通：

NRC 和许可证持有者、利益相关方、公众和州政府的相关部门之间的信息沟通。根据电厂所处位置的不同，参与信息沟通的人员、级别也不同，按 colume1-5 依次升级。

表 14-1　ROP 行动矩阵

		第一列：许可证持有者响应	第二列：管理者响应	第三列：安全基石降级	第四列：多个安全基石降级或同一安全基石降级重复发生	第五列：绩效不可接受，电厂不能继续运行
结果		所有 PI 和监督发现问题都是绿色的	单个安全基石中不超过 1 个白色，同时同一领域内不超过两个白色	单个安全基石中有 2 个或以上白色，或者 1 个黄色；或者同一领域中有 3 个及以上的白色	同一安全基石降级重复发生，多个安全基石降级，多个黄色，或则一个红色	多次出现违反运行许可证条件、TS、管理要求或者管理指令
响应	监管绩效会议	None	在补充检查完成后，科室或部门主管与业主讨论问题、原因和采取的纠正行动	地区监督站负责人或替代人要与电厂高级管理人员进行会谈	EDO/DEDO 或者替代者要与电厂高级管理人员进行会谈	EDO/DEDO 或者替代者要与电厂高级管理人员进行会谈
	电厂需要采取的行动	采取纠正行动	分析原因并采取纠正行动	按纠正行动大纲要求执行，并从个人和集体两方面进行根本原因和直接原因分析，同时，也要评估是否存在核安全文化方面的问题	按纠正行动大纲要求执行，并从个人和集体两方面进行根本原因和直接原因分析。另外要请第三方评估电厂是否存在核安全文化方面的问题	
	NRC 的监督活动	风险指引型基准检查大纲	基准检查和补充检查（IP 95001）-对电厂的原因分析和纠正行动进行审查	基准检查和补充检查（IP 95002）－审查电厂的评估结果，同时进行独立评估	基准检查和补充检查（IP 95003）－审查电厂对问题的评估，评价电厂核安全文化的评估结果，并实施独立评估	

续表

		第一列：许可证持有者响应	第二列：管理者响应	第三列：安全基石降级	第四列：多个安全基石降级或同一安全基石降级重复发生	第五列：绩效不可接受，电厂不能继续运行
	NRC 的管理行动	None	只需执行补充检查	只需执行补充检查；在这列的电厂如果满足条件，将会在 AARM 上进行讨论	10 CFR 2.204 DFI； 10 CFR 50.54（f）letter； CAL/Order； 在 AARM 会议上讨论	要求修改、暂停或者吊销运行执照；在 AARM 会议上讨论
沟通	评估函	科室主管或者部门主管审查并签发评估函和监督计划	部门主管审查并签发评估函和监督计划	地区监督站主管审查并签发评估函和监督计划	地区监督站主管审查并签发评估函和监督计划	
	外部利益相关者	None	州管理者	州管理者，国土安全部和国会	州管理者，国土安全部和国会	州管理者，国土安全部和国会
	NRC 委员参与	None	None	如果电厂在这列持续 3 年，可能会召开委员会	如果电厂在这列持续 6 个月，召开 NRC 委员与电厂高级管理者的会议。	召开 NRC 委员与电厂高级管理者的会议

表 14-2 评估活动

审查等级	频度和时限	（参加部门和人员）	期望的成果	信息沟通
连续	连续	高级现场监督员、监督员、地区监督站监督员、高级反应堆工程师和总部的监督和地区支持处	关注电厂的性能	一般没要求，如果出现某些情况，需签发评估跟踪函
季度	每季度一次，5 周	Division of Reactor Projects (DRP)：BC*，PE，SRI，RI；DIRS	监测早期的绩效变化的趋势	更新数据，需签发评估跟踪函
半年	年中，7 周	Divisions of Reactor Safety (DRS) or DRP DD*，DRP and DRS BCs，DIRS	监测早期的绩效变化的趋势、监督计划	半年评估函以及 15 个月的监督计划
年终	年终，7 周	DRS or DRP DD，RAs*，BCs，principal inspectors，SRAs，DIRS，HQ offices as appropriate	评估电厂的绩效，监管，协调地区的监管活动	年终评估函，以及未来 15 个月的监督计划
NRC 内部总结会	年终审查结束后一周	NRR OD，RAs，DIRS，OE，OI，other HQ offices as appropriate	对年终审查结果进行总结	相关信息在 AARM 会议中会讨论
机构响应行动审查会议	每年，年终评估函签发后的几周	EDO*，NRR OD，RAs，DRS/DRP DDs，DIRS，OE，OI，other HQ offices as appropriate	审查 NRC 采取的行动的适当性	会议结果要想委员会简要汇报；接着与许可证持有者召开会议讨论评估结果，公众可参与会议

14.6 不执行 ROP 行动矩阵的特例

在某些特定情况下，NRC 可以执行不同于 ROP 行动矩阵规定的行动，执行的行动可以严于矩阵规定，也可以比行动矩阵规定要松。曾经批准过的案例在 NRC 网站上有很多。部分截图如图 14-1 所示。

Summary of Deviations

Since the beginning of the Reactor Oversight Process in calendar year (CY) 2000, there have been a total of twenty-two (22) deviations from the Action Matrix. The annual ROP self-assessment process includes the evaluation of Action Matrix deviations and the potential need to modify programmatic guidance to address any generic issues associated with the need for the deviation.

January 2013 (Perry) - On January 11, 2013, the EDO approved a deviation from the ROP Action Matrix to maintain Perry in the Degraded Cornerstone Column (Column 3) and not move it to the Repetitive Degraded Cornerstone Column (Column 4). Perry entered Column 3 in the second quarter of 2011 because of a White inspection finding and a White Performance Indicator (PI) in the Occupational Radiation Safety Cornerstone. The NRC conducted an Inspection Procedure (IP) 95002, "Supplemental Inspection for One Degraded Cornerstone or Any Three White Inputs in a Strategic Performance Area," in November 2012. The inspection team found that the licensee did not successfully address all of the inspection procedure objectives. Because the performance issues were not successfully addressed and the resultant findings, IMC 0305 specified that Perry should transition from Column 3 to Column 4 of the Action Matrix because of a repetitive degraded cornerstone. However, there have been no additional recent indications of significant performance problems in areas other than the Occupational Radiation Safety Cornerstone, so the regulatory actions specified for Column 3 of the Action Matrix are more appropriate at this time. The NRC will conduct a follow-up 95002 inspection in the May-July 2013 timeframe. This deviation will be closed if the follow-up 95002 inspection determines the white findings can be closed.

November 2012 (Palisades) - On November 8, 2012, the EDO approved a deviation from the ROP Action Matrix to provide increased resources for the oversight of the Palisades related to safety culture issues at the site and also technical issues for which initial NRC review identified no immediate safety concerns. The increased inspection is needed to ensure that the licensee is implementing appropriate corrective actions to improve the organization and strengthen the safety culture on site, as well as assessing the sustainability of these actions. Secondly, the additional inspection is also needed to ensure that planned actions for the technical issues are effective, such that these issues will not lead to more significant safety concerns. Furthermore, the staff also expects to conduct enhanced communication with the communities in southwest Michigan regarding NRC's mission, the status of site improvement initiatives and resolution of technical issues at Palisades.

图 14-1 NPC 网站上关于 ROP 的部分截图

这种有别于 ROP 行动矩阵的情况，需要写备忘录，由 EDO 批准，并通告 NRC 的委员。如果有备忘录，经批准后，要附在评估函中。

14.7 交叉领域问题的评估

"Cross-Cutting Issues" 在 ROP 中的意思是对多个安全基石产生影响的问题，也就是交叉领域的问题，共 3 类 9 个方面。

表 14-3 交叉领域问题

CCA AREAS	CCA COMPONENTS	CCA ASPECTS
HUMAN PERFORMANCE (H) 人因	Decision-Making 决策	H1 (a) H1 (b) H1 (c)
	Resources 资源	H. 2 (a) H. 2 (b) H. 2 (c) H. 2 (d)
	Work Control 工作控制	H. 3 (a) \ H. 3 (b)
	Work Practices 工作实施	H. 4 (a) H. 4 (b) H. 4 (c)

续表

CCA AREAS	CCA COMPONENTS	CCA ASPECTS
Problem Identification and Resolution（P）问题的诊断和处理	Corrective Action Program (CAP) 纠正行动大纲	P. 1 (a) P. 1 (b) P. 1 (c) P. 1 (d) P. 1 (e)
	Operating Experience（OE）运行经验	P. 2 (a) P. 2 (b)
	Self-and Independent Assessments 自我评估和独立评估	P. 3 (a) P. 3 (b) P. 3 (c)
Safety Conscious Work Environment（S）具有安全意识的工作氛围	Environment for Raising Concerns 提出质疑的工作环境	S. 1 (a) S. 1 (b)
	Preventing, Detecting, and Mitigating Perceptions of Retaliation 预防、观察、缓解报复意识	S. 2 (a) S. 2 (b) S. 2 (c)
Other Safety Culture Components (O) 安全文化的其他方面	Accountability 职责	O. 1 (a) O. 1 (b) O. 1 (c)
	Continuous Learning Environment 持续学习的环境	O. 2 (a) O. 2 (b) O. 2 (c)
	Organizational Change Management 组织机构变更管理	O. 3
	Safety Policies 安全政策	O. 4 (a) O. 4 (b) O. 4 (c) O. 4 (d)

NRC在建立ROP时就假定CCA相关的问题都能通过性能指标和监督检查发现的问题反映出来。（个人注：由于SCCIs的鉴定比较困难，整改的时间周期也比较长，实际操作中还是要具体问题具体处理）

14.7.1　交叉主题存在的判断

（1）对于人因、问题诊断和处理这两个交叉领域，当同一个CCA ASPECT，比如H1（a)，有4个及以上监督发现的问题与此相关，并且监督发现的问题属于不同的安全基石，则交叉主题存在；如果监督发现的问题都是属于缓解系统的，则也认为交叉主题也存在；

（2）对于具有安全意识的工作氛围这个交叉领域，出现以下情况之一就认为交叉主题存在：存在与此相关的监督检查发现的问题，并且不仅只有单个人受影响；业主收到了 chilling effect 信件。

14.7.2 SCCI 的开启

SCCI（Substantive Cross-Cutting Issues 实质性的 Cross-Cutting 问题）的开启满足 2 个条件：交叉主题存在；电厂对交叉主题的分析处理还存在不足，并引起了 NRC 的关注。SCCI 的在半年和年终评估函中开启。

14.7.3 SCCI 的跟踪

（1）如果 NRC 签发过纠正行动函（CAL），那么对 CAL 的跟踪和关闭行动可以作为 SCCI 的跟踪；

（2）如果没有签发 CAL，则在半年和年终评估会议期间要跟踪纠正的情况；按 IP71152 实施监督；

（3）如果连续 2 次评估报告中均存在同样的 SCCI，地区监督站可能会提出监督要求：许可证持有者要在年终评估会议上反馈信息；提交书面反馈；单独召开会议；

（4）如果连续 3 次评估报告中均存在同样的 SCCI，地区监督站一般会要求许可证持有者进行安全文化的评估，但如果确信许可证持有者正在采取纠正行动并效果良好，也可以不提出这样的要求；

（5）如果连续超过 3 次，上述采取的行动都无效了，地区监督站考虑采取附加的行动。附加行动方案要与 NRR 和 EDO 的主管商定。

14.7.4 SCCI 的关闭

SCCI 的关闭准则由地区监督站制定。SCCI 只能在半年和年终评估函中关闭。纠正行动函（CAL）中要求的关闭可作为 SCCI 关闭的基础文件。

15

NRC 的执法

15.1 违反 NRC 要求的事项

在 NRC 检查阶段，工作人员会评价每一个违反安全规定的发现项，确定其对电厂安全和风险的影响。如果该违规项具有非常低的风险度，将只会在 NRC 的检查报告中讨论，没有正式的强制（Enforcement）执行措施。电厂操作人员可使用电厂自身的纠错程序，来纠正该违规项和采取措施，防止违规项复发。此外，在 NRC 进一步的检查中，也将会对此类问题进行审查。

如果 NRC 进行风险评估时，发现该违规项具有较高的风险度，将会发布违规事项通告。此外，如果电厂在合理的时间内对安全重要度低的违规事项采取纠错行动失效，或该违规项是故意的，则 NRC 也将发布违规事项通告。

违规事项通告要求电厂的操作人员，对 NRC 确定的纠正行动和预防违规项复发的措施做出正式的响应。随后的检查中，NRC 将对操作人员的行动进行审查。

通常这些违规事项并不是电厂被罚款的原因。然而，仍然有一些违规事项由于其特殊的重要度，可能被要求罚款。这些违规事项可能极度的罕见，可能的情况如：超过特定电厂的安全限定或出于无心地启动反应堆。

此外，还有一些违规事项要求启用传统的强制执行方法。如：

（1）阻碍员工发现安全问题或其他的违规事项的能力；

（2）对 NRC 监管电厂的能力有不利影响的活动，包括需求的信息上报失效，获取NRC对电厂变更的许可失效，保持纪录准确失效，或向NRC提供完整和准确的信息失效。

（3）会产生有实际安全后果的事件，包括超出NRC限制范围的放射性释放，或在需求应急响应时，向政府部门通报失效。

表15-1 违规事项风险评估表

违规事项风险评估（根据安全重要度递增排序）	电厂响应	NRC响应
具有非常低的风险度	• 电厂人员使用纠错程序，纠正违规项和采取措施，防止违规项复发	• 在NRC的检查报告中讨论，不实施强制措施 • NRC的进一步检查中，对此违规事项进行审查 • 发布违规事项通告（a. 电厂在合理时间内对违规事项采取的纠正行动失效；b. 该违规事项是故意的）
具有较高的风险度	• 响应NRC确定的纠正行动和预防违规事项复发的措施	• 发布违规事项通告 • 确定纠正行动和预防违规事项复发的措施 • 审查电厂人员的行动

15.2 执　　法

本节以下内容主要针对运行电厂，对建造、停堆状态的电厂要求有所区别。

15.2.1 重要的定义

（1）执行力缺陷（Performance Deficiency，PD）

因为某些许可证持有者有能力预见和正确执行从而不应出现的原因，导致出现不满足要求或标准（包括监管要求和许可证持有者自身的规定）。如果PD出现不满足监管要求，则PD就是一种违规。

（2）违规行为（violation）

违反有法律效力的管理要求，如法规、管理规定、指令、许可证条件和技术规格书。

（3）传统的执法（Traditional Enforcement）

对于那些无法用运行核电厂评估程序评价的违规行为，就用传统的执法流程来进行。这些违规行为用 SL 来分级，包含的类型主要有但限于以下 7 类：造成了实际后果、故意、妨碍监管、歧视、没有 ROP 执行缺陷的问题、核材料管理和个人的故意违规。

（4）执法自由裁量权（ENFORCEMENT DISCRETION）

NRC 根据委员会法定权限，对特定的情况可以决定要采取什么行动，相对于导则中规定的行动，行动可以是增加的，也可以是减弱的，也可以不采取行动。

15.2.2 执法权来源的法案

（1）the Atomic Energy Act（AEA）of 1954，as amended，原子能法及其修订；

（2）theEnergy Reorganization Act（ERA）of 1974，as amended 能源重组法及修订。

执法相关的管理条例包含在 10CFR（联邦法规）：

（1）Part 2.201-procedures for issuing Notices of Violation；

（2）Part 2.202-procedures for issuing orders；

（3）Part 2.203-procedures for settlement and compromise；

（4）Part 2.204-procedures for issuing demands for information；

（5）Part 2.205-procedures for issuing civil penalties；

（6）Part 2.206-procedures for members of the public to request enforcement action under this subpart。

15.2.3 执法流程

第一步：确定违规行为：

NRC 通过监督检查、调查、电厂报告或者对指控的核实，发现并确认电厂存在违规行为。在这过程中信息收集的越多越好。

第二步：评定违规行为的严重程序或重要程度。

第三步：违规行为的处置。

违规的处置方式主要有：

（1）对于“Minor Violation”

一般不采取执法行动，电厂只要采取纠正行动，把问题处理完毕即可。

（2）“Non-cited Violation”

对于满足条件的严重程度 SLⅣ 和绿色的违规行为，NRC 一般不签发违规通知，而是在监督报告中描述该违规行为以及简要描述许可证持有者已采取的纠正行动。需要满足的条件如下：

1）许可证持有者已采取了纠正行动；

2）在合理的时间内恢复到满足规定；

3）违规行为不是重复发生的，或者重复发生的违规行为不是 NRC 发现的；

4）违规行为不是故意的。

（3）违规通告

书面通知，写明了许可证持有者违反了哪些规定，并要求许可证持有者提供书面答复。答复的内容应包括：原因、已采取的纠正措施及结果、还需要采取的纠正措施、和整改完成的时间。

一般情况下，签发违规通知的同时，也会有民事处罚。

（4）民事处罚

民事处罚就是罚钱。具体可见 10 CFR 2.205，Civil Penalties。

图 15-1 简要说明了违规行为要罚多少钱的评估流程。

（5）指令

NRC 签发的书面指令，修改、暂停或吊销许可证，或终止已许可的活动，或采取其他正当的行动。具体可见 10 CFR 2.202，“Orders”。

一般情况下，指令签发之前会召开听证会，与许可证持有者进行沟通，但如果 NRC 确定指令需要马上签发，也可以不召开听证会。

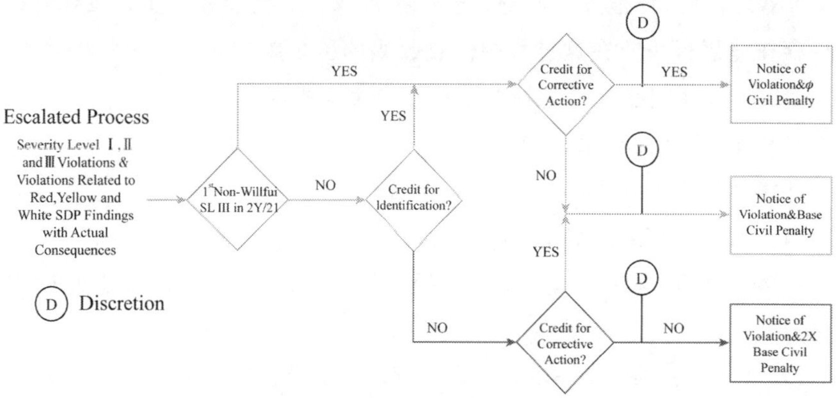

图 15-1　处罚的评估流程

指令的签发，往往也伴随着民事处罚。

(6) 要求提供信息的文件

委员会在决定是否需要签发指令或者还需要采取其他行动时，可能会签发一份要求提供信息的文件。具体可见 10 CFR 2.204，Demand for Information。

(7) 行政手段

NRC 使用的行政手段包括行动确认函（confirmatory action letters）、偏离通告（notices of deviation）、不符合项通知（notices of nonconformance）。

行动确认函，是确认许可证持有者同意采取行动。

偏离通告，是描述许可证持有者未能履行承诺的书面通告，这些承诺还不具有法律效力。许可证持有者需要书面回复偏离通告，告知已采取的或将采取的纠正行动，已完成的结果和计划完成的时间。

不符合通知，是描述承包商未能履行承诺的书面通告，这些承诺还不具有法律效力。承包商需要书面回复偏离通告，告知已采取的或将采取的纠正行动，已完成的结果和计划完成的时间。

15.2.4　其他说明

(1) 需要事先通知委员会和与委员会磋商的执法行动

某些情况下，如所有涉及民事处罚或者指令的行动、一些涉及使用自由裁量权作出的执法行动等，需要事先书面通知委员会；

某些情况下，如影响电厂运行的行动、涉及 SLI 类违规行为的执法行动等，需要事先与委员会磋商。

（2）执法自由裁量权的使用

由于执法政策（enforcement policy）不是管理规定，所以 NRC 在评价违规行为和采取执法行动时，很多时候会作出与政策规定不一致的决定，NRC 称之为自由裁量权（discretion）。

以下情况下可以考虑使用执法自由裁量权：

（1）电厂进入了长期停堆状态；

（2）涉及老的设计问题；

（3）违规行为是在履行之前的执法行动过程中由电厂自己发现的，并且原因与之前的违规行为相似；

（4）涉及某些歧视的违规行为；

（5）涉及特殊环境的违规行为（比如违规行为是电厂不可控制的情况）；

（6）在民事处罚时确定罚钱的数目；

（7）签发指令时；

（8）对于运行电厂，如果强制要求满足核电厂技术规格书和其他许可证条件，可能会引起不必要的瞬态的情况；或者执行试验、检查、系统倒换不是好的选择或者造成不必要的启动延误；或者在极端天气情况下，为了平衡不运行对公众造成的不利与保持运行带来的风险。这些情况下，NRC 一般会签发通知，具体在 IMC 0410 中有详细规定。

（3）针对个人的执法行动

根据联邦法规 10 CFR 中有关“故意的不当行为”的规定，对以下 2 类有故意行为的个人采取执法行动：

（1）故意引起或已经引起许可证持有者违规；

（2）故意提供不准确或不完整的信息。

对于操纵员，即是他们的违规行为不是故意的，也会受到相应的处罚。

对个人的处罚在具体操作时，对每个案例，其处理也是一事一议。

基本流程：收集证据，确认违规、通知和处罚。

15.3　向公众公开的性能信息

在 NRC 的网站上，每个季度都会对电厂的性能信息进行更新，同时，也可以在该网站上找到历史性能信息和检查发现项。在该网站的在线文档收集库中，可以找到完整的检查报告，该在线文档收集库被称为“ADAMS”，来源于 NRC 的公开文档室。

性能指标和检查发现项的评估也被放置在 NRC 的网站上，并通过绿，白，黄，红来标记他们的重要度。此外，该统计数据和低于标记颜色的 NRC 检查发现项也被公告在该网站上。反应堆监管程序有助于监管运行反应堆的日常业务，以确保他们持续地安全运行。有关于反应堆监管程序额外的信息可在 NRC 的网站上查到。表 15-2 列举了能在网站上查到与核能发电相关的法规或文件。

表 15-2　核能发电相关的法规文件

序号	内容	序号	内容
1	美国联邦法规第 10 篇	14	核管会监管公告
2	法规指引	15	监管通函
3	核管会立法文件	16	监管资讯通报
4	核管会检查手册	17	监管议题摘要
5	跨机构文件存取及管理系统	18	检查负责人报告
6	联邦注册公告	19	委员会会议记录
7	强制执法报告	20	初步通知
8	检查和评估报告	21	演讲档案
9	运行经验报告	22	资讯摘要
10	不符合及缺陷报告	23	NUREG 系列刊物
11	持照者系统化评估报告	24	WASH 系列刊物（现已不在使用）
12	技术报告	25	工业标准程序
13	形状快报		

16

NRC 监管实践

16.1 圣奥诺弗雷核电厂蒸汽发生器降级事件

16.1.1 背景介绍

位于美国加利福尼亚州南部圣克莱门特西北角的圣奥诺弗雷核电厂共有 3 台机组，其中 1 号机组在 1992 年退役，2/3 号机组仍在运行。电厂的业主有三家，分别为 Southern California Edison（主要负责电厂的运营管理，以下简称 SCE），San Diego Gas & Electric Company 与 City of Riverside Utilities Department。在运的 2/3 号机组均是压水堆，分别于 1983 年 8 月和 1984 年 4 月投入商运。

2/3 号机组的蒸汽发生器是燃烧工程公司（Combustion Engineering，反应堆供应商）设计的 3410 型再循环蒸汽发生器，设计使用年限是 40 年。因 2/3 号机组已逐渐运行到设计的后期，经 SCE 成本效益分析，如更换蒸汽发生器，将会在寿期末的运维过程中为业主节省约 10 亿美元。按 SCE 给出的材料，在 2004 年 9 月，三菱重工（MHI）中标负责新蒸汽发生器的制造工作；在 2010 年年底和 2011 年年底，圣奥诺弗雷核电厂分别更换 2 号机组和 3 号机组的蒸汽发生器；整个更换工作（材料中并未细化到设计方案变更及审查以及其他细节）是符合 NRC 的相关要求的。

新的蒸汽发生器是世界上最大的发生器之一，每个蒸汽发生器都有 9727 根换热管，同时还有富余的换热管以使得一些换热管可以在电厂运行时退役。

16.1.2 事件简述

2012年1月31日，圣奥诺弗雷核电厂3号机组在满功率运行状态下，二回路监测到放射性泄漏报警，机组进入非正常模式（S023-13-14）。在随后的一个小时内，泄漏量由/每天5加仑快速上升到/每小时30加仑。根据电厂相关程序，反应堆进行快速降功率模式（S023-13-28）。当反应堆功率降至35%，操作员按程序手动停堆。之后，电厂将有传热管破裂的蒸汽发生器隔离，堆芯余热排出后，2月2日，进入冷停堆状态。

2月12日，电厂开始对3号机组蒸汽发生器的传热管进行检查，发现1根有泄漏，之后对所有传热管进行了100%涡流探伤，发现有129根有磨损。

3月13日，电厂对这129根传热管进行了现场压力测试，显示共有8根有泄漏。

事件发生在3号机组更换蒸汽发生器后的第一个燃料循环。之前完成蒸汽发生器更换的2号机组，在运行阶段没有异常，已在1月10日按计划进入停堆换料大修。由于两台机的蒸汽发生器相似，电厂按3号机组的反馈对2号机组蒸汽发生器进行了探伤检查。

16.1.3 NRC对事件的响应

根据NRC驻厂监督员的报告（San Onofre Nuclear Generating Station-NRC Augmented Inspection Team Report 05000361/2012007 and 05000362/2012007），监督员对整个停机停堆过程（包括停机停堆过程中主控室的情况、快速降功率情况、相关系统动作情况、操作员应急响应情况等），以及之后的2/3号机组蒸汽发生器换热管检查和分析过程（包括涡流探伤、现场压力测试、SCE和MHI原因分析）进行了监督检查。

根据驻厂监督员提供的信息，按NRC的管理程序《NRC Incident Investigation Program (MD8.3)》，3号机组当时的情况，已违反了MD8.3中三项定性准则并增大了放射性物质释放的风险，按该程序要求，第四区监督站在与 NRR（Nuclear Reactor Regulation）和 NSIR（Office of Nuclear Security and Incident Response）商议后，决定成立强化检查组（Augmented Inspection Team，AIT），开展额外的跟踪监督检查。

3 月 19 日，AIT 按程序（Inspection Procedure 93800）开始了为期 10 天的现场监督检查。

3 月 23 日，NRC 收到了来自 SCE 的信函，信中 SCE 列举了在 2/3 号机组重启之前电厂承诺采取的纠正行动。

3 月 27 日，NRC 发出了确定行动函（CAL），要求圣奥诺弗雷核电厂按承诺的内容采取相应的纠正措施。同时，NRC 强调在纠正行动没有完全执行之前，以及未得到 NRC 允许的情况下，电厂不得重新启动。

备注：CAL，是 NRC 执法政策（enforcement policy）中行政行动（Administrative Actions）的一种方式，与行政行动并列的包括：命令（order）、民事罚款（Civil Penalty）、违法通知（Notice of Violation）等。CAL 通常用于记录许可证持有者同意采取特定行动以在电厂重新运行之前消除关于健康和安全、安保或环境的严重问题。

下文将从事件调查情况和 ROP 日常监督两方面介绍 NRC 的监管活动。

16.1.4　事件调查方面

在第一阶段调查的基础上，5 月 16 日，NRC 许可 AIT 再进行跟进的调查。7 月 18 日，检查组在公开会上发布了分析报告，在该报告中，AIT 就问题的原因分析、设计缺陷分析、电厂的事件响应过程和设计变更等方面进行了评估，并识别出 10 项需要继续跟踪并确认监督检查的内容。

针对 10 项未确认的问题，进一步的跟踪调查在 8 月 20 日—9 月 28 日开展。NRC 在 11 月 9 日发布了跟踪调查的报告，确认了其中 8 项问题。另两个遗留项 NRC 将继续开展监督检查。

16.1.5　加强监督方面

除了针对事件的专项监督检查，NRC 按 ROP 程序要求，加强了对电厂日常监督检查，过程如下。

根据驻厂监督员提供的信息，3号机组是由于重大性能问题而进入停机停堆状态的。按ROP的检查程序IMC0350（Inspection Manual Chapter 0350，“Oversight of Reactor Facilities in a Shutdown Condition due to Significant Performance and/or Operational Concerns”），3号机组以及存在同样缺陷的2号机组的情况都符合该程序的适用范围。后续的日常监督检查也将按该程序要求来执行（在该程序中，有两项明确的定义。重要性能问题：满足IMC 0305“运行反应堆评价程序”的行动矩阵中多个/重复性降级基石或不可接受性能列的进入条件的那些问题。重要运行事件：在NRC许可的设施内发生的对公众健康和安全、财产或环境构成实际或潜在危害的任何辐射、安保或其他安全相关的运行事件）。

2012年9月，第四区域办事处向NRR建议，不再使用之前的IMC0350程序，而改成按IMC0351（Inspection Manual Chapter 0351，“Implementation of the Reactor Oversight Process at Reactor Facilities in an Extended Shutdown Condition for Reasons Other Than Significant Performance Problems”）程序，加强对2/3号机组的监督检查。根据NRC网站的报告“NRC Oversight of San Onofre Nuclear Generating Station (SONGS) Units 2 and 3 During Extended Shutdown”，原因有3条。

（1）到2012年7月，两台机组的停堆时间均超过6个月，根据规定，已进入Extended Shutdown状态。

（2）尽管运营方就蒸汽发生器降级情况开展了大量的评估，但目前这些评估和纠正行动仍在进行中。

（3）电厂进入Extended Shutdown状态是因为单一的、复杂的技术问题，而不是一个广泛的性能问题，因此，IMC0350不再适用。

在得到NRR肯定的答复后，第四区域办事处按IMC0351制定了新的基准检查和性能指标监督检查计划，内容如下：

（1）基准检查。分成以下4类。

1）以下检查程序（IP）仍按各程序要求进行：

IP Number	Title/Section
71111. 01	Adverse Weather Protection
71111. 04Q	Equipment Alignment/Partial
71111. 04S	Equipment Alignment/Complete
71111. 05AQ	Fire Protection/Annual/Quarterly
71111. 06	Flood Protection Measures
71111. 07A	Heat Sink Performance
71111. 11Q	Licensed Operator Requalification
71111. 12	Maintenance Effectiveness
71111. 19	Post Maintenance Testing
71111. 20	Refueling and Outage Activities
71111. 22	Surveillance Testing
71114. 06	Drill Evaluation
71153	Event Follow-up & Notices of Enforcement Disc.

2）以下检查内容也按程序进行，但其中部分内容可能不适用：

IP Number	Title/Section	Comments
71111. 13	Maintenance Risk Assessment & Emergent Work Control	IP is not applicable with the unit shutdown. Maintenance Risk assessment is performed under IP 71111. 20
71111. 15	Operability Determination and Functionality Assessments	Due to the extended shutdown period, availability of samples is limited
71111. 18	Plant Modifications	Due to the extended shutdown period, availability of samples may be limited
71151	Performance Indicator (PI) Verification	Reference PI section
71152	Problem Identification and Resolution (PI&R)	The required annual sample for Operator Work Arounds (OWAs) will not be completed during the extended shutdown period if the core is offloaded to the spent fuel pool (SFP) since OWAs are no longer applicable

3）反应堆安全部门和其他组的监督检查工作：

IP Number	Title/Section	Comments
71111.05T	Triennial Fire Protection	Complete as specified by IP (scheduled for October 2013)
71111.08	In-Service Inspection	Adjust level of effort based on plant conditions (tentative schedule in October 2013)
711111.17T	Evaluations of Changes, Tests, or Experiments and Permanent Plant Modifications	Periodicity and scope left to Regional Discretion. (Scheduled in CY14)
71111.21	Component Design Basis Inspection	Complete as specified by IP (Scheduled in CY14)
71114.0X	Exercise Eval/Emergency Action Level (EAL) and Emergency Preparedness (EP) changes	Complete as specified by IP (Biennial exercise scheduled for May 2013)
71124.0X	Radiation Safety	(.02 and .04 scheduled for July 2013, .01 and .03 scheduled for October 2013) (.05. .06. .07. 08 completed in July 2012)
71130.0X	Security Baseline Inspection	Complete as specified by IP (Schedule TBD)
71152B	Problem Identification and Resolution, Biennial Inspection	Recently completed, not scheduled before end of CY2013

4）额外的专项检查：

IP Number	System/Area	Comments
71111.11	Operations Training	Additional inspection sample to verify operator readiness for restart (within～1 month of unit startup)

(2）性能指标检查

由于机组处在 Extended Shutdown 模式，部分性能指标不再适用。第四区监督站按 IMC 0351 对每一项指标进行了重新描述，其中，非计划停堆［IE01］、非计划功率变化［IE03］、与正常热量导出丧失相关的非计划紧急停堆［IE04］、反应堆冷却剂系统碘 131（^{131}I）剂量当量比活度

[BI01]、反应堆冷却剂系统泄漏率 [BI02]、MSPI 部分内容将不再适用。详细内容如表 16-1 所示。

表 16-1 性能指标检查

Performance Indicator	ROP inspections planned during Extended Shutdown	Comments
Unplanned Scrams [IE01], Unplanned Power Changes [IE03], and Unplanned Scrams with Complications [IE04]	None	PIs are not valid. Unplanned Scrams and Unplanned Power Changes PIs will be valid after the unit is critical for 2400 hrs. Unplanned Scrams with Complications PI will become valid after unit startup
Reactor Coolant System Activity [BI01] and Reactor Coolant System leakage [BI02]	None	PIs are not valid. RCS Leakage will become valid in Mode 4, RCS activity PI will become valid in Mode 3 (>350F)
Safety System Functional Failures [MS05]	Routine resident inspections	PI remains valid
Mitigating Systems Performance Index (MSPI) Emergency Alternating Current (Emergency Diesel Generator) [MS06]	(Notes 2 and 3). Baseline Inspection	This PI was last reviewed during the 2nd Quarter 2012 for all previously submitted unreviewed data. The PI is no longer valid due to the extended shutdown
MSPI HP Safety Injection (HPSI) [MS07]	(Notes 2 and 3). Baseline Inspection	This PI was last reviewed during the 2nd Quarter 2012 for all previously submitted unreviewed data. The PI no longer valid due to the extended shutdown
MSPI Heat Removal (AFW) [MS08]	(Notes 2 and 3). Baseline Inspection	This PI was last reviewed during the 2nd Quarter 2012 for all previously submitted unreviewed data. The PI is no longer valid due to the extended shutdown

续表

Performance Indicator	ROP inspections planned during Extended Shutdown	Comments
MSPI Residual Heat Removal (SDC) [MS09]	Baseline Inspection (Notes 2 and 3)	The PI is no longer valid due to the extended shutdown
MSPI Cooling Water (SWC and CCW) [MS10]	Baseline Inspection (Notes 2 and 3)	The PI is no longer valid due to the extended shutdown
PIs associated with Emergency Planning [EP01/EP02/EP03], Radiation Protection [OR01/PR01] and Security [PP01]	Routine DRS inspections	PIs remain vaid

(3) 监督情况反馈

NRC 按 IMC 0351 程序进行检查的结果（性能指标和检查发现项）如图 16-1 和图 16-2 所示。指标的历史数据和发现项的详细内容可在 NRC 网站上查询。这里不再详细介绍。

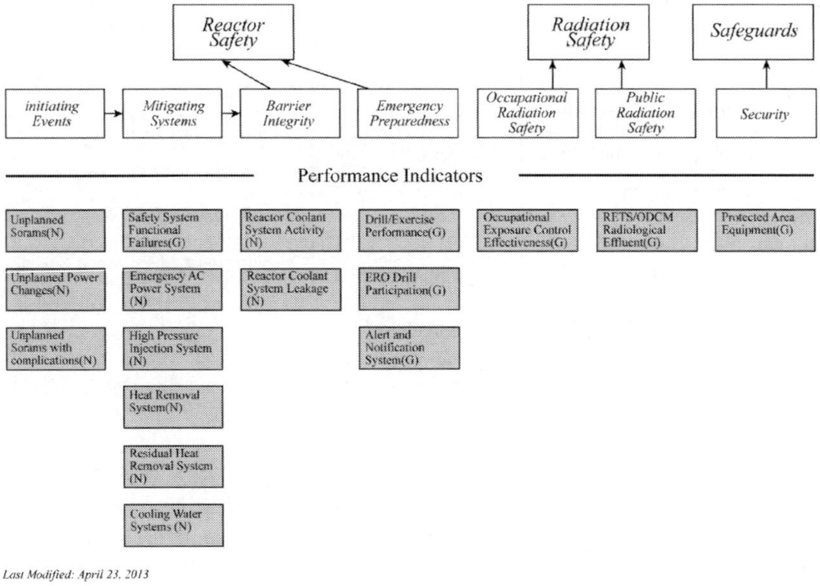

图 16-1　性能指标检查结果

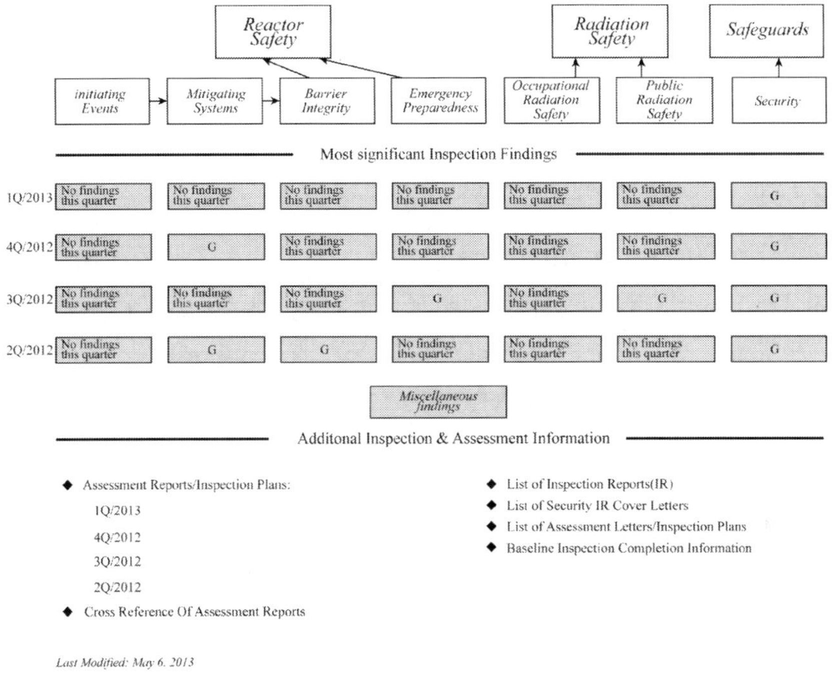

图 16-2 检查发现项

依据 IMC 0351 程序，NRC 列出了下一阶段（到 2014 年 6 月 30 日）的检查计划。主要内容见表 16-2。

表 16-2 下阶段检查计划

机组	主要内容	现场检查人数
2/3	由行业发起的控制地下管道降级 1 阶段检查	2
2/3	洪水引起的威胁的检查	2
2/3	地震引起的威胁的检查	2
2/3	辐射安全检查	4
2/3	三年一次的火灾保护检查	4
2	压水堆在线检查活动	2
2/3	演习性能指标	1
2/3	两年一次的演习评估	4
2/3	公众安全相关的辐射防护检查	4
2/3	两年一次的交叉领域问题的识别和解决方面的检查	4

详细内容可参见 NRC 对该电厂发布的 2012 年年报［“Annual Assessment Letter for San Onofre Nuclear Generating Station，Units 2 and 3（Report 05000361/2013801 and 05000362/2013801）”］。

16.1.6 事件进展与 NRC 的信息发布

在这起事件中，随着事件调查的深入，为保证公众了解 NRC 的监管工作，以及 NRC 已确认提供了足够的监管措施，NRC 陆续召开了多起公开会议，并在网上发布了会议的议题和基本信息。主要的会议有：

（1）2012 年 6 月 18 日，NRC 的 AIT 就跟踪监督检查情况召开了公开会议。

（2）2012 年 10 月 9 日，为接收公众和感兴趣的利益相关方的意见，NRC 组织了一次开放的讨论会。

（3）2012 年 11 月 30 日，在 NRC 的公开会议上，SCE 提交了对 CAL 的反馈报告，报告中，SCE 提出重启圣奥诺弗雷核电厂（SONGS）2 号机组，并恢复其 70%的发电能力。报告的主要内容是：经鉴定，3 号机组蒸汽发生器意外磨损的主要原因是由过度震动和传热管相互磨损。蒸汽流动速度过快和湿度不够是导致磨损的诱因，而这两种情况在 2 号机组也有发生，因此 2 号机组有可能出现相同的震动。但据 SCE 称，在 2 号机组蒸汽发生器运行的 21 个月期间，其两万根传热管中只有两根没有有效固定。SCE 已对 2 号蒸汽发生器中磨损超过 35%的 6 根传热管进行了封堵，还封堵了 500 根传热管作为预防措施，并提议重启 2 号机组运行 5 个月，期间保持其 70%的发电能力。SCE 称，减少发电量有助于降低蒸汽流动速度，增加蒸汽发生器内环境湿度，防止出现可能导致震动的因素。在运行 5 个月后，SCE 将对 2 号机组停堆检查，以确认传热管的结构完整性，测量传热管磨损程度，并验证解决方法的有效性。SCE 同时提出将进行额外的监督、探测和响应活动，包括安装早期预警监控器来探测极小的传热管泄漏加快情况，安装更敏感的震动监控器，额外监控和分析系统，并加强操作员的培训。

（4）2012 年 12 月 18 日，在 NRC 总部，NRC 人员和 SCE 代表召开了一次公开会议，讨论为完成正在进行的技术评审，SCE 应提供的额外补充信息。在此次会议上，NRC 主席艾利森·麦克法兰（Allison Macfarlane）回复说审批过程可能耗时数月，目前 NRC 的主要关注点是分析 SCE 对 CAL 的回复情况，之后才会考虑重启机组的问题。NRC 只有在最终确认核电站能够安全运行之后才会批准电站重启”，同时承诺检查和审核过程将“仔细、全面、绝不赶时间”，其中还包括召开公开会议。

(5) 2013 年 2 月 12 日，为对外更新检查状况和技术评估状况，NRC 与公众利益相关者之间，组织了一次 3 级的公开会议。

(6) 2013 年 2 月 27 日，在 NRC 总部，NRC 人员和 SCE 代表召开了一次公开会议，讨论议题仍为，“为完成正在进行的技术评审”，SCE 应提供的额外补充信息。

(7) 2013 年 4 月 3 日，NRC 人员和 SCE 代表一起召开公开会议，就 2 号机执照修正许可计划进行讨论。

(8) 下一次公开会议计划在 5 月中下旬召开，重点讨论 NRC 的检查情况。

16.1.7 总结及反馈

经分析，此次事件的原因是三菱重工使用的 FIT-Ⅱ模型计算蒸汽发生器裕量时考虑不够，导致在高速流体情况下，传热管磨损严重，最终导致了传热管泄漏，放射性物质释放到了环境中。经过一年多的调查、分析和评估，尽管事件的原因已经基本明确了，SCE 也做了相应的纠正行动，但两台机组仍未能允许重新启动，可见 NRC 在事件发生后的监管工作的谨慎和细致。

在事件后的检查过程中，无论是补充调查组还是加强日常监督方面，区域监督站和反应堆监管部都做了大量工作，投入了必要的人员支持，核能监管研究部及其他人员也提供了充分的支持。检查程序方面，无论是启动 AIT，或是日常监管的调整，都有明确的程序作为指引，从阶段效果来看，AIT 组成的依据和过程、调查目标、阶段结果都很清晰；日常监管程序调整的原因、具体内容、结果也是有章可循的。这都为 NRC 有效、高效的监管提供了坚实的基础。

同时，NRC 也很关注对外信息发布以及外部信息获取等方面的工作，这使得整个监管工作更透明、公开，更容易取得更多公众的信任。这都是核安全监管过程中值得借鉴和学习的。

16.2 综　　述

NRC 的监管良好实践表明，事件检查的过程和结果透明、公开，建立闭环的监管过程，增强了公众对商运核电厂的信任。

按 ROP 的行动矩阵，NRC 对重大事件的过程评价，公开会议，分析结果都做了详细的披露。除此之外，NRC 还对日常监管的结果，如 104 个电厂每季度的安全性能指标，各电厂驻厂监督员发现项的重要性判定结果，各电厂在行动矩阵中的级别等都做了公开。

结合 ROP 监管过程，NRC 还开发出经验反馈专题，公开发布有代表性的内外部事件（如：圣奥诺弗雷电厂蒸汽发生器降级事件，详见附件；戴维斯-贝斯核电厂压力容器封头腐蚀事件；日本福岛核事故）的过程和结果，将事件中经验教训反馈给各电厂和监管部门，并将纠正行动的执行情况作及时反馈。如 ROP 中的共性安全问题检查，就是 NRC 对可能普遍存在的同类问题的专项调查。又如，福岛核事故后，根据经验反馈，NRC 发布了《TI2515/183 Follow-up to Fukushima Daiichi Nuclear Station Fuel Damage Event》和《TI2515/184 Availability and Readiness Inspection of Severe Accident Management Guidelines (SAMGs)》，在 ROP 中制定了跟踪检查计划，每个电厂都按计划进行了响应，并提交了检查报告；各区域也按要求，提交了检查结果报告。这一系列过程不仅提升了电厂的安全性，也增加了公众对监管部门和电厂的信任。

数据显示，目前，全美国三分之二的核电厂运行时间已超过 25 年，基本进入了设计运行的末期；同时，许多电厂的设计理念相对陈旧，由于历史原因，设计方案都不尽相同，这都给 NRC 监管带来了很大难度。

在过去的 10 多年里，NRC 使用新的 ROP 进行监管。实践证明，新的监管程序不仅降低了机组的风险，如：堆芯损坏频率 CDF 和早期大量辐射外释频率 LERF，也改变了各电厂以往的运营决策模式，降低运营成本。

17

总结与建议

与原监管体系相比，ROP将运行经验与风险分析有机的结合，减少了根据个人经验主观判断的情况，日常的监管响应是以电厂绩效为基准的，都在确定分析的基础上，融合风险指引的理念进行综合决策。

ROP实施后，美国核电行业整体安全性得以大幅提升。在1988—2007年间，美国核电厂非计划停堆次数、严重事件发生频次和安全系统被触发次数都下降了一个量级。1990年美国在运核电机组能力因子约为71%；2003年能力因子已接近90%；1990年核电发电平均成本为3.08美分/千瓦时，2001年核能发电平均成本已降到1.80美分/千瓦时，低于同期的燃煤、天然气发电成本。尽管这一阶段的优秀业绩有许多因素促成(如：采用长周期换料提升燃耗，重视硬件改造与更新等)，但科学、合理、高效的监管体系在其中的作用是不可忽视的。

自2000年发布以来，《反应堆监督流程》已经发展成为一个成熟的监督程序，但意识到仍有可持续改进的价值，并通过内外利益相关方反馈、经验教训和更广泛的增强措施，积极探寻改善各种关键程序，以优化整个监管框架和流程。

NRC发展了PRA技术，逐步建立完善了风险指引型核安全监管的法规体系和监管模式。NRC通过关于“安全目标”和“PRA技术应用”的政策声明，以及在风险指引型监管活动中获得的经验和风险指引的决策过程，初步建立了风险管理监管框架，并将在未来10～15年重点开展工作对风险管理监管框架进行完善。

综上，NRC引领先进技术的发展方向，做了大量开创性的工作，取得了良好的效果和显著的成绩，它的成功经验可供各核电国家核安全监管部门参考和借鉴。在很多领域，我国还没有开展工作或是存在较大的差距，应引起重视。

建议我国核安全监管部门在下一步工作中，充分借鉴 NRC 的成熟经验，完善和发展我国风险指引型核安全监管体系，强化风险指引型综合决策技术在核电运行安全管理中的应用，加大风险指引型核安全监管理念的宣贯，加强核安全监管系统工作人员风险管理技术培训，加快相关法规和技术文件的制定，建立风险管理监管框架，全面实施基于性能、风险指引型的核安全监管。

附录　美国NRC绩效目标与对应的实证策略

绩效目标	施政策略
一、维持安全	1. 清楚描述安全焦点，将检查、评估与强制实施工作转移至修订后的反应堆监管程序中； 2. 回应具有潜在安全或后果的运行事件； 3. 评估运行经验与风险评估的结果，探讨其在安全上的影响； 4. 找出、评估并解决安全问题；同时确保有独立的技术基础以审查持执照者在维持安全方面的提案； 5. 确保运行执照的变更与法规的免除均能维持安全，并符合法规要求； 6. 在执照更新过程中，透过老化管理及保持电厂现有设计及运行相关持照的基础，来确保维持安全； 7. 确保运行员执照的授予以及更新均只限于检定合格的个人； 8. 持续建立并渐进地采用风险指引的作法，并在适当处结合绩效基准的做法来实施监管
二、增加公开度	1. 让社会大众更容易参与监管过程，并扩大利益相关人（Stakeholder）参与监管过程； 2. 开展更明确的沟通，使信息更为集中、明确与一致。及时针对事件的风险，以适当的方式对外发布资讯； 3. 持续加强 NRC 的可靠性与可信度，作为一个独立的管制机关，并继续努力与社会大众共享结果； 4. 用公开与客观的方式报道核能设施的业绩； 5. 持续培育透明、优良的核安全文化
三、使 NRC 工作与决策更具成效、效率与实际	1. 应用风险指引，改进监管与决策的成效与效率； 2. 当局的决策过程，能依据技术状况与实际的信息； 3. 预先考虑新技术与监管需求的变化所带来的挑战； 4. 依据实施效果的审查，确认实施流程并修正、排定优先次序，持续改进
四、降低不必要的管制负担	1. 采用风指指引与绩效基准的作法，降低不必要的管制负担； 2. 改良计划与流程以降低利益相关人不必要的成本； 3. 透过调整与安全不重要部分的资源，改进反应器监管程序； 4. 主动寻求利益相关人的意见，以确认降低不必要监管负担

缩略语

ROP	反应堆监督程序（Reactor Oversight Process）
NRC	美国核管理委员会（Nuclear Regulation Committee）
PIs	性能指标（Performance Indicator）
SDP	重要度确定程序（Signification Determine Process）
SALP	电厂绩效系统性评估（Systematic Assessment of Licensing Performance）
SMM	高级管理层会议（Senior Management Meeting）
PPR	电厂绩效评审（Plant Performance Review）
GPRA	政府绩效与成果条例（Government Performance and Results Act）
IRAP	商运核电厂综合审查评估程序（Integrated Review of the NRC Assessment Process for Operating Commercial Nuclear Reactors）
NEI	美国核能协会（Nuclear Energy Institute）
NRR	核能管制署（Nuclear Reactor Regulatory ）
RES	核能研究署（Nuclear Energy Research）
RAs	区域管理员（Regional Administrators）
FRN	联邦记录通告（Federal Register notice）
FACA	联邦咨询委员会条例（Federal Advisory Committees Act）
PPEP	试点项目评估小组（Pilot Program Evaluation Panel）
10 CFR PART 20	美国联邦法规第 10 篇第 20 章（10 Code of Federal Regulation PART 20）
TMI-2	三哩岛，2 号机组（Three Mile Island，Unit 2）
SCWE	具有安全意识的工作环境（Safety Conscious Work Environment）